Imagine Infinite!

창의영재수학

아이앤아이

영재들의 수학여행

Math Travel

입문 초등 1~3학년

F 문제해결력

베트남편

창의영재수학

아이앤아이

영재들의 수학여행

Math Travel

01 수학 여행 테마로 수학 사고력 활동을 자연스럽게 이어갈 수 있도록 하였습니다.

02 키즈 – 입문 – 초급 – 중급 – 고급으로 이어지는 단계별 창의 영재 수학 학습 시리즈입니다.

03 각 챕터마다 기초 – 심화 – 응용의 문제 배치로 쉬운 것부터 차근차근 문제해결력을 향상시킵니다.

04 각종 수학 사고력, 창의력 문제, 지능검사 문제, 대회 기출 문제 등을 체계적으로 정밀하게 다듬어 정리하였습니다.

05 과학, 음악, 미술, 영화, 스포츠 등에 관련된 융합형(STEAM) 수학 문제를 흥미롭게 다루었습니다.

06 보충학습/과제는 워크북(G)을 활용하세요.

교재 구성

키즈 (6세 7세 초1)	A (수)	B(연산)	C(도형)	D (측정)	E (규칙)	F (문제해결력)	G (워크북)
	수와 숫자 수 비교하기 수 규칙 수 퍼즐	가르기와 모으기 덧셈과 뺄셈 식 만들기 연산 퍼즐	평면도형 입체도형 위치와 방향 도형 퍼즐	길이와 무게 비교 넓이와 들이 비교 시계와 시간 부분과 전체	패턴 이중 패턴 관계 규칙 여러 가지 규칙	모든 경우 구하기 분류하기 표와 그래프 추론하기	수 연산 도형 측정 규칙 문제해결력

입문 (초1~3)	A(수와 연산)	B(도형)	C(측정)	D (규칙)	E (자료와 가능성)	F (문제해결력)	G (워크북)
	수와 숫자 조건에 맞는 수 수의 크기 비교 합과 차 식 만들기 벌레 먹은 셈	평면도형 입체도형 모양 찾기 도형 나누기와 움직이기 쌓기나무	길이 비교 길이 재기 넓이와 들이 비교 무게 비교 시계와 달력	수 규칙 여러 가지 패턴 수 배열표 암호 새로운 연산 기호	경우의 수 리그와 토너먼트 분류하기 그림 그려 해결하기 표와 그래프	문제 만들기 주고 받기 어떤 수 구하기 재치있게 풀기 추론하기 미로와 퍼즐	수와 연산 도형 측정 규칙 자료와 가능성 문제해결력

초급 (초3~5)	A(수와 연산)	B(도형)	C(측정)	D (규칙)	E (자료와 가능성)	F (문제해결력)
	수 만들기 수와 숫자의 개수 연속하는 자연수 가장 크게, 가장 작게 도형이 나타내는 수 마방진	색종이 접어 자르기 도형 붙이기 도형의 개수 쌓기나무 주사위	길이와 무게 재기 시간과 들이 재기 덮기와 넓이 도형의 둘레 원	수 패턴 도형 패턴 수 배열표 새로운 연산 기호 규칙 찾아 해결하기	가짓수 구하기 리그와 토너먼트 금액 만들기 가장 빠른 길 찾기 표와 그래프(평균)	한붓 그리기 논리 추리 성냥개비 다른 방법으로 풀기 간격 문제 배수의 활용

중급 (초4~6)	A(수와 연산)	B(도형)	C(측정)	D (규칙)	E (자료와 가능성)	F (문제해결력)
	복면산 수와 숫자의 개수 연속하는 자연수 수와 식 만들기 크기가 같은 분수 여러 가지 마방진	도형 나누기 도형 붙이기 도형의 개수 기하판 정육면체	수직과 평행 다각형의 각도 접기와 각 붙여 만든 도형 단위 넓이의 활용	규칙성 찾기 도형과 연산의 규칙 규칙 찾아 개수 세기 교점과 영역 개수 수 배열의 규칙	경우의 수 비둘기집 원리 최단 거리 만들 수 있는, 없는 수 평균	논리 추리 님 게임 강 건너기 창의적으로 생각하기 효율적으로 생각하기 나머지 문제

고급 (초6~중등)	A(수와 연산)	B(도형)	C(측정)	D (규칙)	E (자료와 가능성)	F (문제해결력)
	연속하는 자연수 배수 판정법 여러 가지 진법 계산식에 써넣기 조건에 맞는 수 끝수와 숫자의 개수	입체도형의 성질 쌓기나무 도형 나누기 평면도형의 활용 입체도형의 부피, 겉넓이	시계와 각도 평면도형의 활용 도형의 넓이 거리, 속력, 시간 도형의 회전 그래프 이용하기	암호 해독하기 여러 가지 규칙 여러 가지 수열 연산 기호 규칙 도형에서의 규칙	경우의 수 비둘기집 원리 입체도형에서의 경로 영역 구분하기 확률	홀수와 짝수 조건 분석하기 다른 질량 찾기 뉴튼산 작업 능률

책의 구성과 활용

단원들어가기

친구들의 수학여행(Math Travel)과 함께 단원이 시작됩니다. 여행지에서 수학문제를 발견하고 창의적으로 해결해 나갑니다.

아이앤아이 수학여행 친구들

전 세계 곳곳의 수학 관련 문제들을 풀며 함께 세계여행을 떠날 친구들을 소개할게요!

무우

팀의 맏리더. 행동파 리더.

에너지 넘치는 자신감과 무한 긍정으로 팀원에게 격려와 응원을 아끼지 않는 팀의 맏형, 솔선수범하는 믿음직한 해결사예요.

상상

팀의 챙김이 언니, 아이디어 뱅크.

감수성이 풍부하고 공감력이 뛰어나 동생들의 고민을 경청하고 챙겨주는 맏언니예요.

알알

진지하고 생각많은 똘똘이 알알이.

겁 많고 부끄럼 많고 소심하지만 관찰력이 뛰어나고 생각 깊은 아이에요. 야무진 성격을 보여주는 알밤머리와 주근깨 가득한 통통한 볼이 특징이에요.

제이

궁금한게 많은 막내 엉뚱이 제이.

엉뚱한 질문이나 행동으로 상대방에게 웃음을 주어요. 주위의 것을 놓치고 싶지 않은 장난기가 가득한 매력덩어리입니다.

단원살펴보기

단원의 주제되는 내용을 정리하고 '궁금해요' 문제를 풀어봅니다.

대표문제

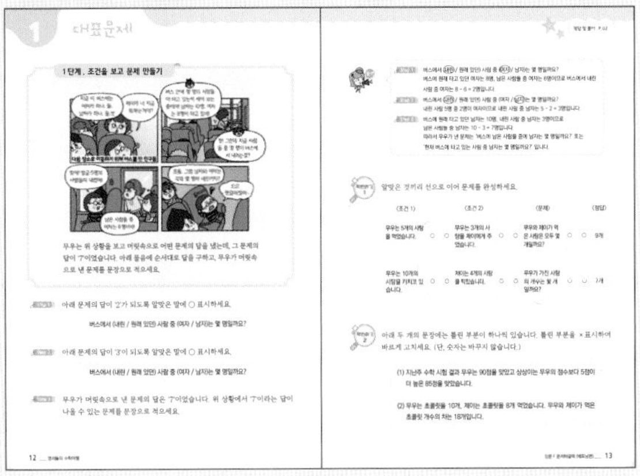

대표되는 문제를 단계적으로 해결하고 '확인하기' 문제를 풀어봅니다.

연습문제

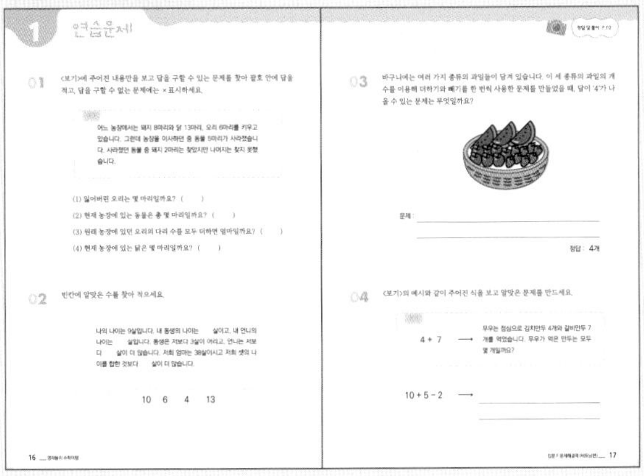

단원살펴보기 및 대표문제에서 익힌 내용을 알차게 구성된 사고력 문제를 통해 점검하며 주제에 대한 탄탄한 기본기를 다집니다.

심화문제

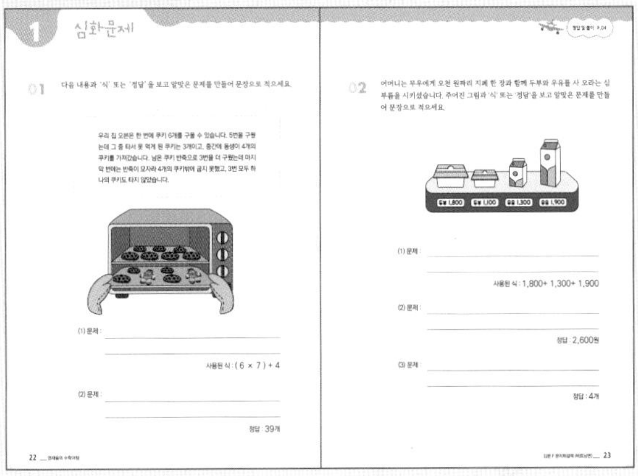

단원에 관련된 문제의 이해와 응용력을 바탕으로 창의적 문제 해결력을 기릅니다.

창의적문제해결수학

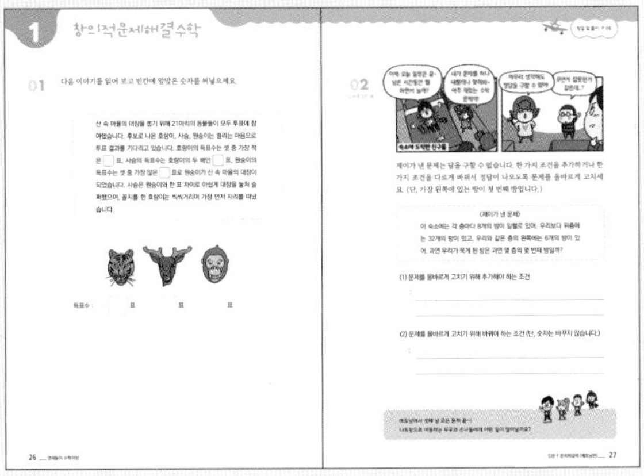

창의력 응용문제, 융합문제를 풀며 해당 단원 문제에 자신감을 가집니다.

정답 및 풀이

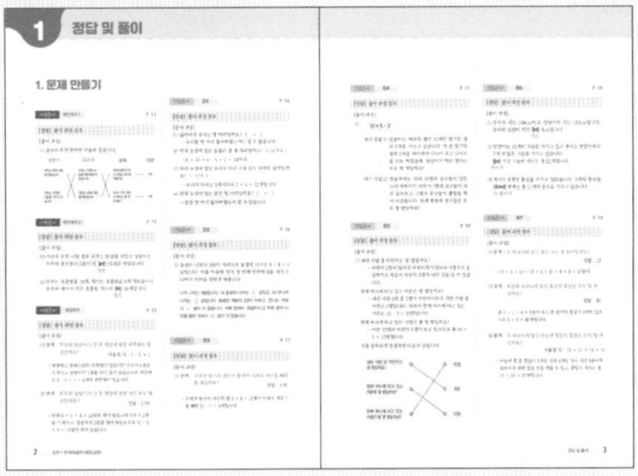

상세한 풀이과정과 함께 수학적 사고력을 완성합니다.

차례
CONTENTS

수학 문장제?

문장제가 뭐지??

엄마가 나에게 딸기맛 사탕 세 개와 레몬맛 사탕 다섯개를 주시면서 문장제를 만들라고 하셨어! 나 좀 도와줘!
문장제..? 그게 뭔데?
문장제란 숫자로 나온 계산 문제가 아닌 문장으로 된 수학문제를 말해!
서로 다른 맛의 사탕이 서로 다른 개수만큼 있으니까 더하기 문제를 만들 수 있겠다!
흠~
그렇다면 빼기를 이용한 문제도 만들 수 있겠는걸?
지금 두 개의 사탕을 제이에게 줬으니 네가 가진 사탕의 개수는 줄어들었지?
척!
맞아! 이 상황에서는 빼기 문제를 만들 수 있어!
쓱
그래 맞아! 이처럼 벌어질 수 있는 상황을 이용해 문제를 만들면 돼!
화이팅!
그렇구나! 더하기 문제를 만들 수 있는 상황으로는 어떤 경우가 있을까..?
오물 오물

1. 문제 만들기

베트남 첫째 날 DAY 1

무우와 친구들은 베트남에 도착한 첫째 날, 호치민에 도착했어요. 호치민에 있는 〈중앙 우체국〉을 방문했어요. 자, 그럼 먼저 〈중앙 우체국〉에서 만난 수학문제를 친구들과 함께 풀어볼까요?

1. 조건을 보고 문제 만들기

아래 4개의 문제 중 위 친구들의 대화를 보고 답을 찾을 수 없는 문제 하나를 찾고 답을 찾을 수 있는 문제에 알맞은 답을 적으세요.

① 제이와 알알이가 가지고 온 엽서는 총 몇 장일까요?

② 알알이는 모두 몇 장의 엽서를 가져왔을까요?

③ 제이가 가지고 온 풍경이 그려진 엽서는 몇 장일까요?

④ 무우는 건축물이 그려진 엽서를 몇 장 가졌을까요?

정답 쓰기 : ① ② ③ ④

설명

① 주어진 조건을 이용해 정확히 답을 낼 수 있는 문제가 올바른 문제입니다.

② 주어지지 않은 조건으로는 올바른 문제를 만들 수 없습니다.

정답

① 제이와 알알이가 가지고 온 엽서는 총 몇 장일까요? → 14장
제이와 알알이가 가지고 온 엽서는 총 8 + 6 = 14장입니다.

② 알알이는 모두 몇 장의 엽서를 가져왔을까요? → 7장
알알이는 풍경이 그려진 엽서 3장과 건축물이 그려진 엽서 4장으로 총 3 + 4 = 7장의 엽서를 가져왔습니다.

③ 제이가 가지고 온 풍경이 그려진 엽서는 몇 장일까요? → 5장
제이는 8 - 3 = 5장의 풍경이 그려진 엽서를 가지고 왔습니다.

④ 무우는 건축물이 그려진 엽서를 몇 장 가졌을까요? → 알 수 없습니다.
위 대화를 보고 친구들이 어떻게 엽서를 나누어 가졌는지는 알 수 없습니다.

2. 그림을 보고 문제 만들기

엽서를 나누어 가지고 우표를 사러 온 친구들

아래 두 그림은 친구들이 우표를 가져가기 전과 가져간 후의 상태를 나타낸 것입니다. 과연 알알이가 낸 문제로 알맞은 것은 무엇일까요?

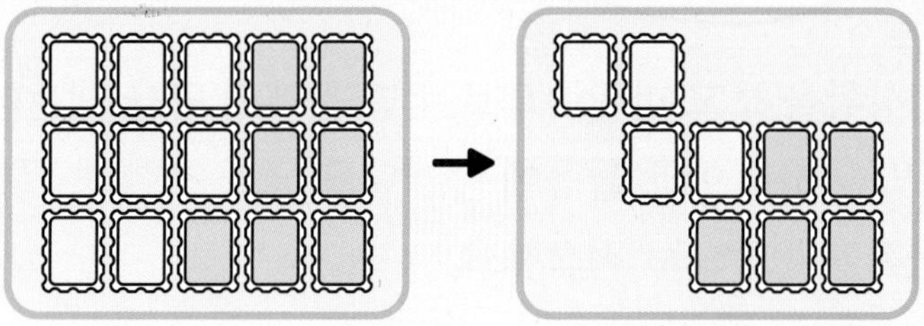

〈전〉 〈후〉

① 친구들이 가져간 우표 중 하늘색 우표는 몇 개일까요?

② 제이는 몇 개의 우표를 골랐을까요?

③ 원래 있던 분홍색 우표의 개수는 몇 개일까요?

④ 친구들이 가져간 우표는 총 몇 개일까요?

① 친구들이 가져간 우표 중 하늘색 우표는 몇 개일까요? → 8 - 4 = 4개
② 제이는 몇 개의 우표를 골랐을까요? → 알 수 없습니다.
③ 원래 있던 분홍색 우표의 개수는 몇 개일까요? → 7개
④ 친구들이 가져간 우표는 총 몇 개일까요? → 하늘색 (4개) + 분홍색 (2개) = 6개
따라서 알알이가 생각한 문제로 알맞은 것은 ④번입니다.

1 단계 . 조건을 보고 문제 만들기

무우는 위 상황을 보고 머릿속으로 어떤 문제의 답을 냈는데, 그 문제의 답이 '7'이었습니다. 아래 물음에 순서대로 답을 구하고, 무우가 머릿속으로 낸 문제를 문장으로 적으세요.

Step 1 아래 문제의 답이 '2'가 되도록 알맞은 말에 ○ 표시하세요.

버스에서 (내린 / 원래 있던) 사람 중 (여자 / 남자)는 몇 명일까요?

Step 2 아래 문제의 답이 '3'이 되도록 알맞은 말에 ○ 표시하세요.

버스에서 (내린 / 원래 있던) 사람 중 (여자 / 남자)는 몇 명일까요?

Step 3 무우가 머릿속으로 낸 문제의 답은 '7'이었습니다. 위 상황에서 '7'이라는 답이 나올 수 있는 문제를 문장으로 적으세요.

Step 1 버스에서 (내린 / 원래 있던) 사람 중 (여자 / 남자)는 몇 명일까요?
버스에 원래 타고 있던 여자는 8명, 남은 사람들 중 여자는 6명이므로 버스에서 내린 사람 중 여자는 8 - 6 = 2명입니다.

Step 2 버스에서 (내린 / 원래 있던) 사람 중 (여자 / 남자)는 몇 명일까요?
내린 사람 5명 중 2명이 여자이므로 내린 사람 중 남자는 5 - 2 = 3명입니다.

Step 3 버스에 원래 타고 있던 남자는 10명, 내린 사람 중 남자는 3명이므로
남은 사람들 중 남자는 10 - 3 = 7명입니다.
따라서 무우가 낸 문제는 '버스에 남은 사람들 중에 남자는 몇 명일까요?' 또는 '현재 버스에 타고 있는 사람 중 남자는 몇 명일까요?' 입니다.

확인하기 1 알맞은 것끼리 선으로 이어 문제를 완성하세요.

〈조건 1〉	〈조건 2〉	〈문제〉	〈정답〉
무우는 5개의 사탕을 먹었습니다. ○	○ 무우는 3개의 사탕을 제이에게 주었습니다. ○	○ 무우와 제이가 먹은 사탕은 모두 몇 개일까요? ○	○ 9개
무우는 10개의 사탕을 가지고 있습니다. ○	○ 제이는 4개의 사탕을 먹었습니다. ○	○ 무우가 가진 사탕의 개수는 몇 개일까요? ○	○ 7개

확인하기 2 아래 두 개의 문장에는 틀린 부분이 하나씩 있습니다. 틀린 부분을 ×표시하여 바르게 고치세요. (단, 숫자는 바꾸지 않습니다.)

(1) 지난주 수학 시험 결과 무우는 90점을 맞았고 상상이는 무우의 점수보다 5점이 더 높은 85점을 맞았습니다.

(2) 무우는 초콜릿을 10개, 제이는 초콜릿을 8개 먹었습니다. 무우와 제이가 먹은 초콜릿 개수의 차는 18개입니다.

2 단계 . 그림을 보고 문제 만들기

냉장고에 오렌지주스 5병, 포도주스 2병, 사이다 4병이 있습니다. 무우와 알알이는 오렌지 주스, 상상이는 사이다, 제이는 포도주스를 마셨습니다. 이 상황을 보고 '더하기 문제'와 '빼기 문제'를 각각 한 개씩 만드세요.

Step 1 더하기 문제를 만들어 문장으로 적어 문제의 답을 구하세요.

문제 : ____________________

____

정답 : ________

Step 2 문제의 답이 '3'이 되는 빼기 문제를 만들어 문장으로 적으세요.

문제 : ____________________

____

정답 : 3

풀이

Step 1 만들 수 있는 더하기 문제를 생각해봅니다.

i . 문제 : 냉장고에 들어있던 음료수는 총 몇 병일까요?
정답 : 5 + 2 + 4 = 11병

ii . 문제 : 무우, 알알, 상상, 제이가 마신 음료수는 총 몇 병일까요?
정답 : 1 + 1 + 1 + 1 = 4병

이 외에도 다양한 더하기 문제를 만들 수 있습니다.

Step 2 만들 수 있는 빼기 문제를 생각해봅니다.

i . 문제 : 냉장고에 남아 있는 오렌지주스는 총 몇 병일까요?
정답 : 5 - 2 = 3병

ii . 문제 : 냉장고에 들어있던 음료수 중 오렌지주스는 포도주스보다 몇 병 더 많을까요?
정답 : 5 - 2 = 3병

이 외에도 다양한 빼기 문제를 만들 수 있습니다.

확인하기

그림의 상황을 보고 만들 수 있는 문제들 중 아래와 같은 '식' 또는 '정답이 나오는 문제를 만드세요.

(1) 문제 : ______________________

____

사용된 식 : 5 - 2 + 1

(2) 문제 : ______________________

____

정답 : 13권

1 연습문제

01 <보기>에 주어진 내용만을 보고 답을 구할 수 있는 문제를 찾아 괄호 안에 답을 적고, 답을 구할 수 없는 문제에는 ×표시하세요.

> 보기
>
> 어느 농장에서는 돼지 8마리와 닭 13마리, 오리 6마리를 키우고 있습니다. 그런데 농장을 이사하던 중 동물 5마리가 사라졌습니다. 사라졌던 동물 중 돼지 2마리는 찾았지만 나머지는 찾지 못했습니다.

(1) 잃어버린 오리는 몇 마리일까요? (　　　)

(2) 현재 농장에 있는 동물은 총 몇 마리일까요? (　　　)

(3) 원래 농장에 있던 오리의 다리 수를 모두 더하면 얼마일까요? (　　　)

(4) 현재 농장에 있는 닭은 몇 마리일까요? (　　　)

02 빈칸에 알맞은 수를 찾아 적으세요.

나의 나이는 9살입니다. 내 동생의 나이는 ☐ 살이고, 내 언니의 나이는 ☐ 살입니다. 동생은 저보다 3살이 어리고, 언니는 저보다 ☐ 살이 더 많습니다. 저희 엄마는 38살이시고 저희 셋의 나이를 합한 것보다 ☐ 살이 더 많습니다.

10　　6　　4　　13

정답 및 풀이 P.02

03 바구니에는 여러 가지 종류의 과일들이 담겨 있습니다. 이 세 종류의 과일의 개수를 이용해 더하기와 빼기를 한 번씩 사용한 문제를 만들었을 때, 답이 '4'가 나올 수 있는 문제는 무엇일까요?

문제 : ____________________

____

정답 : 4개

04 <보기>의 예시와 같이 주어진 식을 보고 알맞은 문제를 만드세요.

보기

4 + 7 ⟶ 무우는 점심으로 김치만두 4개와 갈비만두 7개를 먹었습니다. 무우가 먹은 만두는 모두 몇 개일까요?

10 + 5 − 2 ⟶ ____________________

____

1 연습문제

05

<보기>의 내용을 보고 각 문제와 정답을 올바르게 연결하세요.

보기

버스에는 어린이 5명과 어른 13명이 타고 있었습니다. 다음 정류장에서 5명이 내리고, 어린이 2명이 탔습니다. 그런데 현재 버스에 타고 있는 어린이는 5명으로 동일했습니다.

내린 사람 중 어린이는 몇 명일까요?	○	○	15명
현재 버스에 타고 있는 어른은 몇 명일까요?	○	○	2명
현재 버스에 타고 있는 사람은 총 몇 명일까요?	○	○	10명

06

아래 세 개의 문장에는 틀린 부분이 하나씩 있습니다. 틀린 부분을 × 표시하여 바르게 고치세요. (단, 숫자는 바꾸지 않습니다.)

(1) 무우의 키는 148cm이고, 상상이의 키는 145cm입니다. 무우와 상상이 키의 합은 3cm입니다.

(2) 알알이는 15개의 구슬을 가지고 있고 제이는 알알이보다 7개 더 많은 구슬을 가지고 있습니다. 둘이 가진 구슬의 개수는 총 22개입니다.

(3) 제이는 8개의 풍선을 가지고 있었습니다. 3개의 풍선을 친구에게 주어서 현재는 총 11개의 풍선을 가지고 있습니다.

07 두 바구니에 꽃들이 놓여 있습니다. 그림과 주어진 '식' 또는 '정답' 을 보고 알맞은 문제를 만들어 문장으로 적으세요.

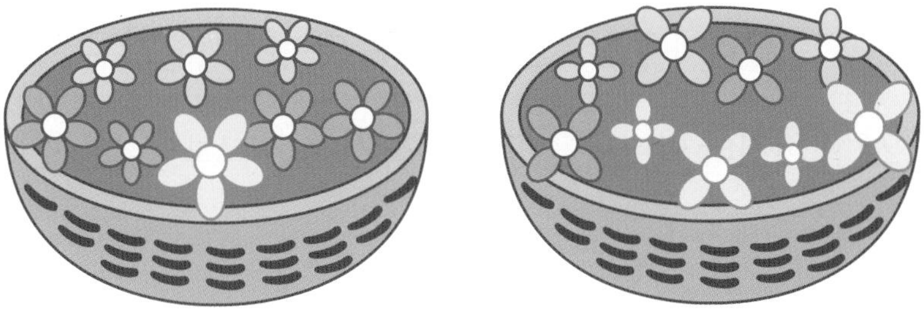

(1) 문제 : ______________________________

____

정답 : 17

(2) 문제 : ______________________________

____

정답 : 36

(3) 문제 : ______________________________

____

사용된 식 : (5 × 3) + (4 × 3)

08 아래 세 문제의 정답을 올바르게 구하도록 한 가지 조건을 적고 만든 조건에 따라 알맞은 답을 구하세요.

(1) 체육대회에서 이어달리기에 참여한 학생은 모두 20명입니다.

이어달리기에 참여한 여학생은 몇 명일까요?

(2) 아버지와 어머니는 동갑이고, 삼촌은 그보다 3살이 어립니다.

삼촌의 나이는 몇 살일까요?

(3) 제이네 반에서는 12명의 친구들이 수학 경시대회에 참가합니다.

제이네 반에서 수학 경시대회에 참가하지 않는 친구는 몇 명일까요?

09 내용과 식을 보고 식이 의미하는 것이 무엇인지 적으세요.

우리집에는 나, 동생, 엄마, 아빠, 삼촌이 함께 살고 있습니다. 나는 9살이고, 동생은 6살입니다. 엄마의 나이 36살에 나와 동생의 나이 차이를 더하면 아버지의 나이입니다. 삼촌과 아빠의 나이 차이는 내 나이와 같습니다.

(1) $36 + 9 - 6$ → ____________

(2) $36 + 9 - 6 + 9$ → ____________

(3) $39 - 36 = 9 - 6$ → ____________

정답 및 풀이 P.04

10 빈칸에 알맞은 숫자를 써넣으세요.

무우네 반 친구들 □ 명 중에서 혈액형이 AB형인 친구들은 O형인 친구들 □ 명보다 6명이 적은 3명입니다. 또한 혈액형이 A형과 B형인 친구들은 각 □ 명으로 인원수가 서로 같고, 혈액형이 A형과 B형인 친구 수의 합과 O형과 AB형인 친구 수의 합은 같습니다.

11 다음 내용과 '식' 을 보고 알맞은 문제를 만들어 문장으로 적으세요.

닭장 안에는 오리  3마리와 닭이  살고 있으며 닭의 수는 오리의 세 배입니다. 외양간 안에는 황소  5마리와 젖소  가 살고 있으며, 닭장과 외양간 안에 살고 있는 동물의 수는 같습니다.

(1) 문제 : ______________________________

____

사용된 식 : (2 × 3) + (2 × 9)

(2) 문제 : ______________________________

____

사용된 식 : 3 + (3 × 3) − 5

01 다음 내용과 '식' 또는 '정답'을 보고 알맞은 문제를 만들어 문장으로 적으세요.

> 우리 집 오븐은 한 번에 쿠키 6개를 구울 수 있습니다. 5번을 구웠는데 그 중 타서 못 먹게 된 쿠키는 3개이고, 중간에 동생이 4개의 쿠키를 가져갔습니다. 남은 쿠키 반죽으로 3번을 더 구웠는데 마지막 번에는 반죽이 모자라 4개의 쿠키밖에 굽지 못했고, 3번 모두 하나의 쿠키도 타지 않았습니다.

(1) 문제 :

사용된 식 : (6 × 7) + 4

(2) 문제 :

정답 : 39개

02 어머니는 무우에게 오천 원짜리 지폐 한 장과 함께 두부와 우유를 사 오라는 심부름을 시키셨습니다. 주어진 그림과 '식' 또는 '정답'을 보고 알맞은 문제를 만들어 문장으로 적으세요.

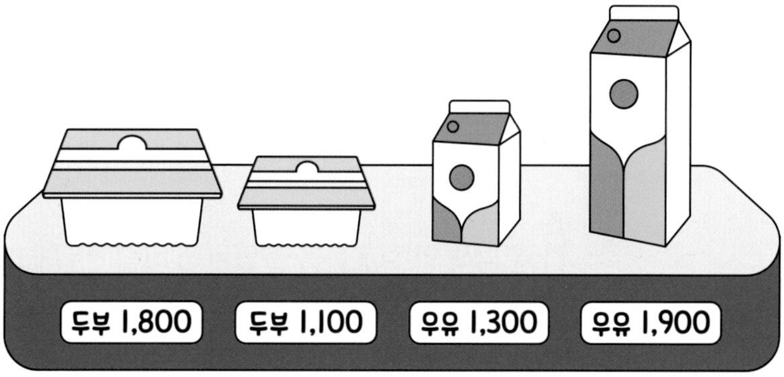

(1) 문제 : ____________________

____

사용된 식 : 1,800 + 1,300 + 1,900

(2) 문제 : ____________________

____

정답 : 2,600원

(3) 문제 : ____________________

____

정답 : 4개

1 심화문제

03 무우와 상상이는 오후에 있을 학교 행사를 위해 양초에 촛불을 붙이고 있습니다. 무우는 하늘색 양초에, 상상이는 분홍색 양초에 불을 붙일 때, 빈칸에 알맞은 숫자를 써넣으세요.

> 무우는 하늘색 양초 □ 개 중에서 21개에 불을 붙였는데, 바람때문에 □ 개의 불이 꺼졌습니다. 상상이는 모두 □ 개인 분홍색 양초에 불을 붙였는데 바람때문에 6개의 불이 꺼졌습니다. 하늘색 양초는 분홍색 양초보다 3개 더 많으며 현재 불이 붙어 있는 양초의 개수는 각 18개로 서로 같습니다.

04 상상이는 정원에서 꽃을 기르기 위해 그림과 같이 씨앗을 심었습니다. 이를 보고 문제와 정답을 알맞게 연결하세요.

상상이가 심은 씨앗은 총 몇 개일까요? ○	○ 8개
상상이가 심은 씨앗 중 싹이 트지 못한 씨앗은 총 몇 개일까요? ○	○ 21개
현재 텃밭에서 싹이 튼 곳은 총 몇 군데일까요? ○	○ 13개

01 다음 이야기를 읽어 보고 빈칸에 알맞은 숫자를 써넣으세요.

> 산 속 마을의 대장을 뽑기 위해 21마리의 동물들이 모두 투표에 참여했습니다. 후보로 나온 호랑이, 사슴, 원숭이는 떨리는 마음으로 투표 결과를 기다리고 있습니다. 호랑이의 득표수는 셋 중 가장 적은 ☐ 표, 사슴의 득표수는 호랑이의 두 배인 ☐ 표, 원숭이의 득표수는 셋 중 가장 많은 ☐ 표로 원숭이가 산 속 마을의 대장이 되었습니다. 사슴은 원숭이와 한 표 차이로 아쉽게 대장을 놓쳐 슬퍼했으며, 꼴지를 한 호랑이는 씩씩거리며 가장 먼저 자리를 떠났습니다.

득표수 : ☐ 표 ☐ 표 ☐ 표

02
창의융합문제

제이가 낸 문제는 답을 구할 수 없습니다. 한 가지 조건을 추가하거나 한 가지 조건을 다르게 바꿔서 정답이 나오도록 문제를 올바르게 고치세요. (단, 가장 왼쪽에 있는 방이 첫 번째 방입니다.)

〈제이가 낸 문제〉

이 숙소에는 각 층마다 8개의 방이 일렬로 있어. 우리보다 위층에는 32개의 방이 있고, 우리와 같은 층의 왼쪽에는 6개의 방이 있어. 과연 우리가 묵게 된 방은 과연 몇 층의 몇 번째 방일까?

(1) 조건을 추가하여 문제를 올바르게 고치기

:

(2) 조건을 바꿔서 문제를 올바르게 고치기 (단, 숫자는 바꾸지 않습니다.)

:

베트남에서 첫째 날 모든 문제 끝~!
나트랑으로 이동하는 무우와 친구들에게 어떤 일이 일어날까요?

한 개 차이?

아직 비행기에 타려면 시간이 남았으니 쿠키를 먹으며 기다리자!
나랑 제이가 이 쿠키를 나눠 먹을게!
와~
난 지금 조금 배가 부른데.. 제이야 네가 한 개를 더 먹을래?
좋아! 그럼 내가 알알이보다 한 개의 쿠키를 더 먹게 되겠네~
자~
너는 다섯 개, 알알이는 세 개의 쿠키를 먹게 되었으니 두 개의 쿠키를 더 먹는거겠지~?
분명 똑같이 4개를 가지고 있다가 하나를 받았는데 왜 두 개를 더 먹는다고 얘기해?
알알이는 하나가 줄어들고, 너는 하나가 늘어나니까 차이는 두 개가 되는거야!
헉... 알알이가 하나를 덜 먹게 되는건 생각하지 않았어..!

2. 주고 받기

베트남 둘째 날 DAY 2

베트남에서 둘째 날, 무우와 친구들은 호치민에서 나트랑으로 이동했어요. 〈포나가르 사원〉과 〈덤 시장〉과 〈빈펄 놀이공원〉에 여행할 예정이에요. 자, 그럼 먼저 〈포나가르 사원〉에 도착한 친구들과 함께 수학 여행을 떠나볼까요?

2 단원 살펴보기

1. 똑같이 나누기

아래 그림은 전통 공연의 모습 중 한 장면입니다. 왼쪽 줄과 오른쪽 줄에 있는 도자기의 개수가 같아지려면 왼쪽 줄에서 몇 개의 도자기를 건네주어야 할까요?

〈왼쪽〉　〈오른쪽〉

□ 개

양쪽에 같은 개수가 있을 때 한 개를 옮길 때마다 양쪽의 개수 차이는 2씩 늘어납니다.

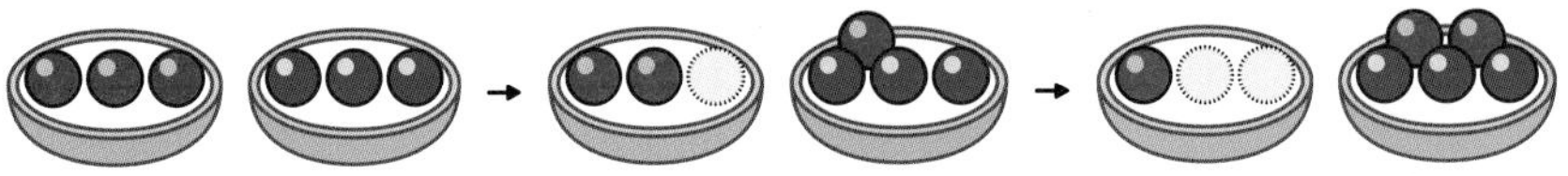

0개 차이　2개 차이　4개 차이

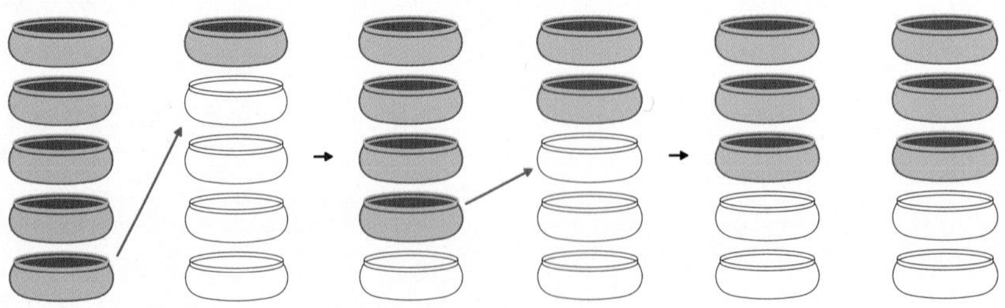

4개 차이　2개 차이　0개 차이

도자기 하나를 건네 줄 때마다 양쪽의 개수 차이가 2씩 줄어들게 됩니다. 따라서 4개 차이가 나는 경우 2개의 도자기를 전해주면 양쪽의 개수가 같아지게 됩니다.

2. 서로 다르게 나누기

11 조각의 파인애플을 나누어 먹는데 제이가 상상이보다 3 조각을 더 먹으려면 둘은 각각 몇 조각의 파인애플을 먹으면 될까요?

제이 조각

상상 조각

설명

개수 차이가 나도록 나누는 방법은 먼저 차이 나는 개수 만큼을 빼둔 후 나머지를 똑같이 반으로 나누고 미리 빼둔 것을 한 쪽에 더하면 됩니다.

예) 무우와 제이가 8개의 사탕을 나누어 먹는데 무우가 2개의 사탕을 더 먹는 경우

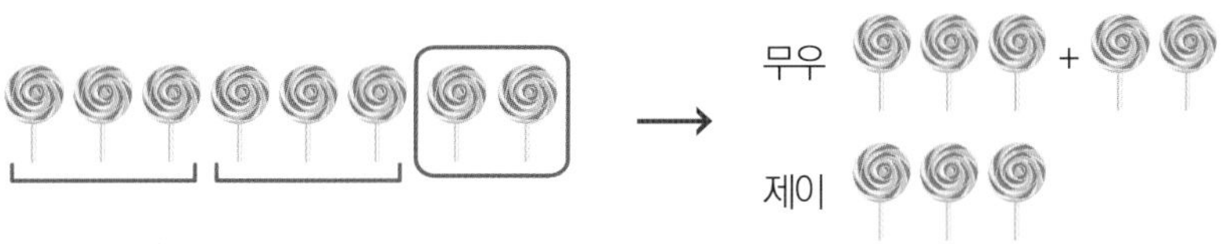

정답

11 조각의 파인애플 중 3 조각을 제이가 먼저 먹습니다. 그 다음 남은 11 - 3 = 8 조각의 파인애플을 제이와 상상이가 똑같이 4개씩 나눕니다. 제이가 상상이보다 3 조각의 파인애플을 더 먹게 되므로 제이는 3 + 4 = 7개의 조각을, 상상이는 4개의 조각을 먹으면 됩니다.

2 대표문제

1 단계 . 똑같이 나누기

알알이가 제이에게 3장의 티켓을 주었더니 둘이 가진 티켓의 개수가 7장으로 같아졌습니다. 원래 알알이는 제이보다 몇 장의 티켓을 더 가지고 있었을까요?

Step 1 제이에게 3장의 티켓을 주기 전 알알이가 원래 가지고 있던 티켓은 몇 장일까요?

Step 2 알알이에게 3장의 티켓을 받기 전 제이가 원래 가지고 있던 티켓은 몇 장일까요?

Step 3 원래 알알이는 제이보다 몇 장의 티켓을 더 가지고 있었을까요?

풀이

Step 1 제이에게 3장의 티켓을 준 뒤 알알이가 가진 티켓은 7장이 되었으므로 알알이가 원래 가지고 있던 티켓은 7 + 3 = 10장입니다.

Step 2 알알이에게 3장의 티켓을 받은 뒤 제이가 가진 티켓은 7장이 되었으므로 제이가 원래 가지고 있던 티켓은 7 - 3 = 4장입니다.

Step 3 알알이가 제이에게 한 개의 티켓을 줄 때마다 둘이 가진 티켓의 개수 차이는 2씩 줄어듭니다. 알알이가 제이에게 3장의 티켓을 주었더니 둘이 가진 티켓의 개수가 같아졌다는 것은, 원래 둘이 가진 티켓의 차이가 6개라는 것입니다. 따라서 원래 알알이는 제이보다 6장의 티켓을 더 가지고 있었던 것을 알 수 있습니다.

또한, Step 1 과 Step 2 에서 구한 티켓 개수의 차이를 이용해 구할 수도 있습니다.

→ 10 - 4 = 6장

정답 : 6장

확인하기 1

형이 동생에게 다섯 개의 동전을 줬더니 형과 동생이 가진 동전의 개수가 8개로 같아졌습니다. 형과 동생이 처음에 가지고 있던 동전의 개수는 각각 몇 개일까요?

확인하기 2

무우는 상상이에게 3개의 구슬을 주고, 상상이는 무우에게 1개의 구슬을 줬습니다. 그랬더니 둘이 가진 구슬의 개수가 10개로 같아졌습니다. 이때, 무우와 상상이가 원래 가지고 있던 구슬을 각각 몇 개일까요?

2 단계 . 서로 다르게 나누기

상상, 알알, 제이는 14개의 사탕을 나누어 먹었는데 알알이와 제이는 같은 개수를 먹었고 상상이는 그보다 두 개의 사탕을 더 먹었습니다. 상상, 알알, 제이는 각각 몇 개의 사탕을 먹었을까요?

Step 1 14개의 사탕에서 상상이가 더 먹는 2개의 사탕을 빼면 몇 개가 남을까요?

Step 2 남은 사탕을 셋이서 똑같이 나누면 한 명당 몇 개의 사탕을 가지게 될까요?

Step 3 상상, 알알, 제이는 각각 몇 개의 사탕을 먹었을까요?

풀이

Step 1 14개의 사탕에서 2개의 사탕을 빼면 14 – 2 = 12개가 남습니다.

Step 2 12개의 사탕을 셋이서 똑같이 나누려면 한 명이 4개의 사탕을 가지면 됩니다.

Step 3 12개의 사탕을 한 명당 4개씩 나누어 가지고, 미리 빼둔 2개의 사탕을 상상이가 먹으면 됩니다. 따라서 상상이는 4 + 2 = 6개의 사탕을, 알알이와 제이는 각각 4개의 사탕을 먹게 됩니다.

정답 : 상상 – 6개, 알알 – 4개, 제이 – 4개

확인하기 1

어머니는 20개의 쿠키를 형과 동생에게 나누어 주는데 형에게 6개의 쿠키를 더 주려고 합니다. 형과 동생은 각각 몇 개의 쿠키를 받게 될까요?

확인하기 2

무우는 18개의 구슬을 세 개의 통에 나누어 담으려고 합니다. 첫 번째, 두 번째 통에는 같은 개수의 구슬을 담고, 세 번째 통에는 그보다 세 개의 구슬을 더 담으려고 합니다. 무우는 각 병에 몇 개의 구슬을 담아야 할까요?

2 연습문제

01 무우는 선물로 받은 15권의 공책 중 3권은 자기가 사용하고, 나머지를 알알이와 제이에게 나누어 주려고 합니다. 제이가 알알이보다 2권의 공책을 더 가지려면, 제이와 알알이는 각각 몇 권의 공책을 가져야 할까요?

02 여러 개의 구슬이 들어 있는 두 개의 병이 있습니다. 먼저 ㉠병에서 4개의 구슬을 꺼내 ㉡병으로 옮기고, ㉡병에서 1개의 구슬을 꺼내 다시 ㉠병으로 옮겨 담았더니 두 병에 들어 있는 구슬의 개수가 8개로 같아졌습니다. 원래 두 병에는 각각 몇 개의 구슬이 들어있었을까요?

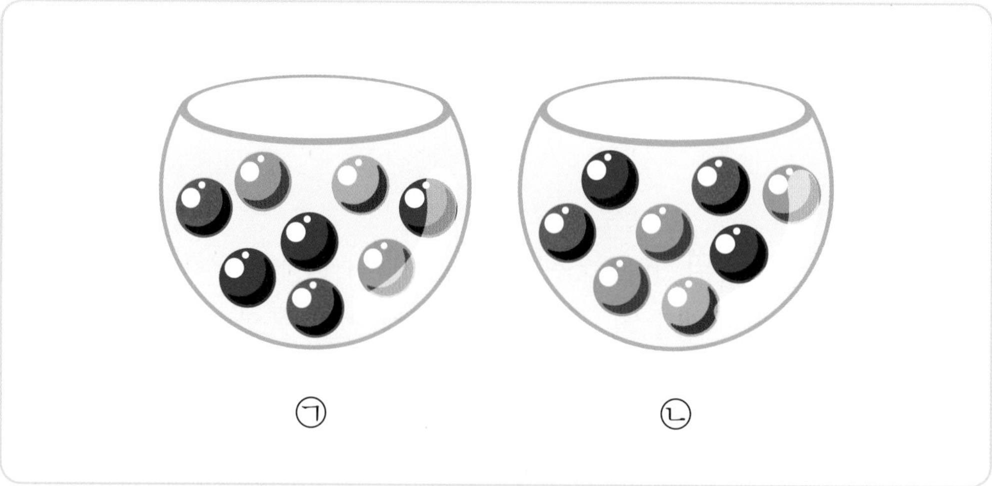

03 무우는 상상이에게 원래 상상이가 가지고 있던 개수만큼의 초콜릿을 주었습니다. 그랬더니 둘이 가진 초콜릿의 개수가 8개로 같아졌습니다. 무우가 원래 가지고 있던 초콜릿은 몇 개일까요?

04 A, B 두 상자에 담긴 사과의 개수의 총합은 24개입니다. A 상자에 담긴 사과 5개를 B 상자로 옮겨 담았더니 두 상자에 담긴 사과의 개수가 똑같아졌습니다. 원래 두 상자에 담겨있던 사과의 개수는 각각 몇 개일까요?

05 무우, 알알, 제이는 12개의 젤리를 나누어 먹었습니다. 무우는 제이보다 한 개 더 많은 젤리를, 제이는 알알이보다 한 개 더 많은 젤리를 먹었을 때, 무우, 알알, 제이는 각각 몇 개의 젤리를 먹었을까요?

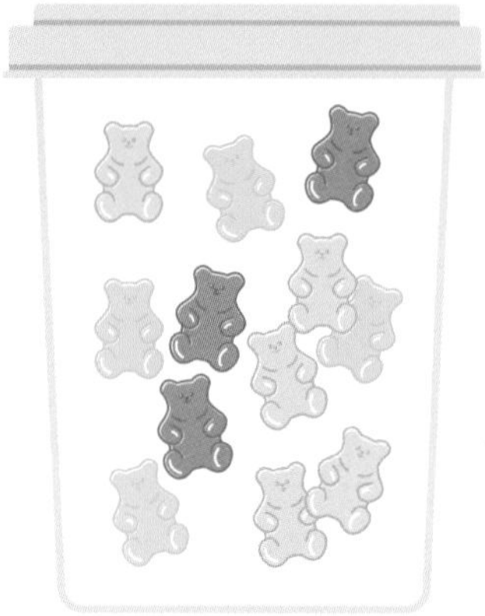

06 상상이는 가지고 있는 쿠키의 절반을 제이에게 주었습니다. 그 이후 상상이는 1개의 쿠키를, 제이는 4개의 쿠키를 먹었더니 둘이 가지고 있는 쿠키의 개수가 같아졌습니다. 제이가 원래 가지고 있던 쿠키의 개수는 몇 개일까요?

정답 및 풀이 P.08

07 무우, 상상, 알알이는 셋이 합쳐 18개의 딱지를 가지고 있었습니다. 무우가 상상이에게 두 개의 딱지를 주고, 상상이가 알알이에게 한 개의 딱지를 주었더니 세 명이 가진 딱지의 개수가 모두 같아졌습니다. 무우, 상상, 알알이가 처음에 가지고 있던 딱지의 개수는 각각 몇 개일까요?

08 친구들의 대화를 보고 무우, 상상, 알알이가 가진 구슬의 개수를 구하세요.

무우 : 내가 가진 구슬의 개수는 상상이의 두 배야!

상상 : 내가 세 개의 구슬을 알알이에게 주면 우리 둘이 가진 구슬의 개수는 같아져!

알알 : 나는 네 개의 구슬을 가지고 있어!

2 연습문제

09 무우와 상상이는 둘이 합쳐 21 송이의 꽃을 가지고 있습니다. 무우가 상상이에게 2 송이의 꽃을 주었더니 무우가 가진 꽃이 상상이보다 3 송이가 더 많게 되었습니다. 원래 무우와 상상이가 가지고 있던 꽃은 각각 몇 송이일까요?

10 A, B, C 세 상자에 담긴 오렌지 개수의 총합은 25개입니다. A 상자와 B 상자에는 같은 개수의 오렌지가, 크기가 작은 C 상자에는 그보다 2개 적은 개수의 오렌지가 담겨 있습니다. 세 상자에 담긴 오렌지의 개수는 각각 몇 개일까요?

11 표는 다음 주에 있을 운동회에서 반 친구들이 참가하고 싶은 종목을 조사하여 나타낸 것입니다. 모든 종목의 경기를 원활하게 진행하기 위해 각 종목에 참가하는 친구들의 인원수를 모두 똑같게 만들 때, 어떤 종목에서 어떤 종목으로 몇 명의 친구들이 이동해야 할지 이야기하세요.

농구	줄넘기	피구	이어달리기
6명	9명	14명	7명

12 A, B, C 세 개의 치즈 창고에 서로 다른 양의 치즈가 있습니다. A 창고에 있는 5kg의  치즈를 B 창고로 옮기고, B 창고에 있는 3kg의  치즈를 C 창고로 옮기면 세 창고에 있는  치즈의 양이 8kg으로 같아집니다. A, B, C 세 창고에 원래 있던 치즈의 양은 각각 얼마일까요?

2 심화문제

01 A, B 두 바구니에 30개의 빵이 나누어 담겨 있었습니다. A 바구니에 새로 구운 빵 8개를 더 담고, B 바구니에서는 빵 4개를 꺼내어 판매하였더니 두 바구니에 담긴 빵의 개수가 같아졌습니다. 원래 A, B 두 바구니에는 각각 몇 개의 빵이 담겨 있었을까요?

02 친구들의 대화를 보고 네 명의 친구들이 먹은 비스켓의 개수를 각각 구하세요.

무우 : 나는 알알이와 같은 개수만큼 먹었어!

상상 : 우리 넷이 먹은 비스켓의 총 개수는 24개야!

알알 : 나는 제이보다 2개 더 많은 비스켓을 먹었어!

제이 : 상상이는 무우보다 2개 더 많은 비스켓을 먹었어!

03 A 물탱크에는 75L의 물이 있고 B 물탱크에는 15L의 물이 있습니다. 하루에 5L씩의 물을 A 물탱크에서 B 물탱크로 옮길 때, A 물탱크에 있는 물의 양이 B 물탱크의 두 배가 되기 위해서는 며칠이 지나야 할까요?

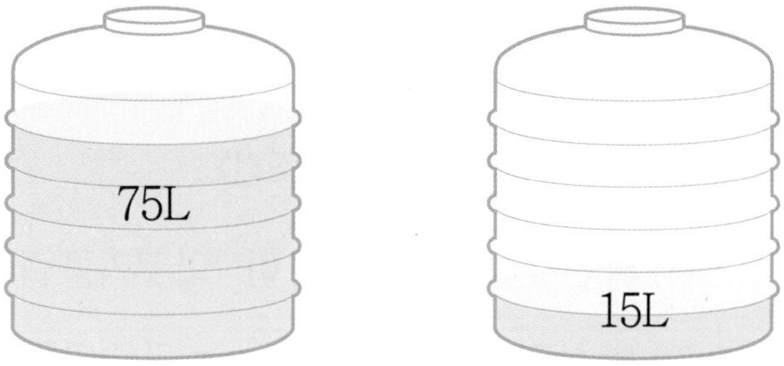

A 물탱크　　B 물탱크

04 A, B, C 세 개의 외양간 있습니다. A 외양간에 있는 다섯 마리의  소를 B 외양간으로 옮기고, C 외양간에서  송아지 세 마리가 태어났더니 세 개의 외양간에 있는 소의 마릿수가 모두 같아졌습니다. 원래 A 외양간에는 C 외양간보다 몇 마리의 소가 더 있었을까요?

01 무우는 자신이 가진 11개의 쿠키를 상상, 알알, 제이에게 나누어 주려고 합니다. <조건>을 보고 무우가 세 친구에게 11개의 쿠키를 남김없이 나누어 주는 방법은 모두 몇 가지인지 구하세요.

〈조건〉

(1) 세 친구에게 최소 한 개 이상의 쿠키를 줍니다.

(2) 세 친구가 받은 쿠키의 개수는 모두 다릅니다.

(3) 상상이에게 가장 많은 개수의 쿠키를, 제이에게 가장 적은 개수의 쿠키를 줍니다.

02
창의융합문제

원래 빨간색과 파란색 두 바구니에 들어있던 소라게는 각각 몇 마리일까요?

베트남에서 둘째 날 모든 문제 끝~!
호이안으로 이동하는 무우와 친구들에게 어떤 일이 일어날까요?

미지수?

미지수가 뭐지??

제이야 무슨 생각을 그렇게 하고 있어?
동생이 5개의 쿠키를 먹었다는데 원래 있던 쿠키의 개수를 모르겠어..
숙소 안
흐음... 동생이 5개를 먹고 현재 남은 쿠키는 몇 개야?
하나..둘.... 일곱 개의 쿠키가 남아있어!
원래 있던 쿠키의 개수를 □라고 해서 식을 세울 수가 있겠네! □ - 5 = 7
이렇게 식으로 세우니까 답을 알겠어!! 정답은 12?!
이처럼 모르는 수를 □라고 해서 식을 세울 수도 있어! □처럼 값을 모르는 어떤 수를 '미지수'라고 해~
아하! 미지수? 이제는 네모라고 부르지 말고 미지수라고 해야지!
헤헤

3. 어떤 수 구하기

베트남 셋째 날 DAY 3

베트남에서 셋째 날, 무우와 친구들은 나트랑에서 호이안으로 이동했어요. 호이안의 〈올드타운〉과 〈야시장〉을 방문하려고 해요. 자, 그럼 〈올드타운〉에 도착한 무우와 친구들에게 무슨 일이 일어났는지 함께 알아볼까요?

1. 어떤 수 □ 구하기

무우와 친구들은 망고 한 바구니를 사서 8개를 먹고, 서비스로 망고 2개를 더 받았습니다. 그랬더니 아래와 같이 망고가 남았습니다. 망고 한 바구니에는 몇 개의 망고가 들어 있었을까요?

□ 개

설명

▶ 문제에서 구하려고 하는 것을 찾아 □로 놓고 알맞은 식을 세웁니다.

예 1) 어떤 수에서 3을 뺐더니 4가 되었을 때, 어떤 수는 무엇일까요?

□ - 3 = 4 → □ = 4 + 3 → □ = 7

예 2) 12에 어떤 수를 더하였더니 21이 되었을 때, 어떤 수는 무엇일까요?

12 + □ = 21 → □ = 21 - 12 → □ = 9

정답

① 먼저 그림에 있는 망고의 개수를 세어 줍니다. → 5개

② 문제의 내용에 따라 아래와 같이 나타낼 수 있습니다.

한 바구니 —(8개 먹음, -8)→ ? 개 —(2개 받음, +2)→ 5 개

③ 또한 아래와 같이 계산 과정을 거꾸로 나타낼 수도 있습니다.

11 개 ←(8개 먹기 전, +8)— 3 개 ←(2개 받기 전, -2)— 5 개

④ 따라서 망고 한 바구니에는 11개의 망고가 들어 있었습니다.

2. 표를 이용하여 풀기

합이 10이고, 곱이 24인 어떤 두 수 중 더 큰 수는 무엇일까요?

더 큰 수:

▶ 어떤 두 수의 합과 차 또는 합과 곱을 알면 두 수를 구할 수 있습니다.

예) 어떤 두 수의 합이 14이고 차가 2일 때, 두 수는 무엇일까요?

합이 14인 두 수	1	2	3	4	5	6	7
	13	12	11	10	9	8	7
두 수의 차	12	10	8	6	4	2	0

합이 14이면서 차가 2인 두 수는 6과 8입니다.

① 다음과 같이 표를 이용하여 구할 수 있습니다.

② 합이 10이면서 곱이 24인 두 수는 4와 6입니다.

③ 이 중 더 큰 수는 6으로 6개의 모자를 주문한 것 입니다.

합이 10인 두 수	1	2	3	4	5
	9	8	7	6	5
두 수의 곱	9	16	21	24	25

3 대표문제

1단계. 어떤 수 □ 구하기

두 줄에서 똑같은 개수의 등불이 켜지고 꺼졌더니 두 줄에 켜져 있는 등불의 개수가 같아졌습니다. 두 □ 안에 들어갈 알맞은 숫자는 무엇일까요?

Step 1 원래 두 줄에 켜져 있던 등불의 개수를 모두 합하면 총 몇 개일까요?

Step 2 현재 각 줄에 켜져 있는 등불의 개수는 각각 몇 개일까요?

Step 3 현재 각 줄에 켜져 있는 등불의 개수를 □를 이용한 식으로 나타내고, □ 안에 들어갈 알맞은 숫자를 구하세요.

첫 번째 줄 : ____________ 두 번째 줄 : ____________

풀이

Step 1 원래 두 줄에 켜져 있던 등불의 개수는 총 10 + 18 = 28개입니다.

Step 2 각 줄에서 같은 개수만큼의 등불이 켜지고 꺼졌으므로 켜져 있는 등불의 개수는 변하지 않습니다. 따라서 총 28개의 등불이 각 줄에 똑같은 개수만큼 켜져 있기 위해선 한 줄에 14개의 등불이 켜져 있어야 합니다. → 14 + 14 = 28

Step 3 각 줄에 켜져 있는 등불의 개수를 □를 이용한 식으로 나타내면 다음과 같습니다.

첫 번째 줄 : 10 + □ = 14　　　두 번째 줄 : 18 − □ = 14

첫 번째 줄과 두 번째 줄에 현재 켜져 있는 등불의 개수는 14개로 같아야 하므로 □ 안에 들어갈 알맞은 숫자는 4입니다.

정답 : 4

확인하기 1 어떤 수에 12를 빼야할 것을 잘못하여 더했더니 29가 되었습니다. 바르게 계산했을 때의 답은 얼마일까요?

확인하기 2 어떤 수에서 8을 빼고 5를 더했더니 32가 되었습니다. 어떤 수는 무엇일까요?

확인하기 3 무우는 가지고 있는 연필 중 5개를 사용하고 새 연필 3개를 샀습니다. 그랬더니 무우가 가지고 있는 연필이 9개일 때, 무우가 원래 가지고 있던 연필의 개수는 몇 개일까요?

2 단계 . 표를 이용하여 풀기

올해 상상이의 나이가 9살일 때, 어머니의 나이가 상상이 나이의 세 배가 되는 것은 몇 년 후일까요?

Step 1 작년 어머니의 나이가 상상이 나이의 4배일 때, 올해 어머니의 나이를 구하세요.

Step 2 표의 빈칸을 채워 보고 어머니의 나이가 상상이 나이의 세 배가 되는 것은 몇 년 후인지 구하세요.

	작년	올해	1 년 후	□ 년 후	□ 년 후	□ 년 후
상상이	8 살	9살	□ 살	□ 살	□ 살	□ 살
어머니	□ 살	□ 살	□ 살	□ 살	□ 살	□ 살

Step 1 올해 상상이의 나이가 9살이므로 작년 상상이의 나이는 8살입니다. 따라서 작년 어머니의 나이는 상상이 나이의 4배인 $8 \times 4 = 32$살이고, 올해 어머니의 나이는 33살입니다.

Step 2 다음과 같이 표의 빈칸을 모두 채울 수 있습니다.

	작년	올해	1 년 후	2 년 후	3 년 후	4 년 후
상상이	8 살	9살	10 살	11 살	12 살	13 살
어머니	32 살	33 살	34 살	35 살	36 살	37 살

표를 이용해 어머니의 나이가 상상이 나이의 세 배가 되는 것은 3년 후인 것을 알 수 있습니다. → $12 + 12 + 12 = 36$

정답 : 3년 후

확인하기 1 나의 나이는 9살이고 동생의 나이는 5살입니다. 나와 동생의 나이의 합이 20살이 되는 것은 몇 년 후일지 표의 빈칸을 채워서 구하세요.

	현재	1년 후			
나	9살				
동생	5살				
총합	14살				

확인하기 2 어떤 두 수의 합이 17이고 차가 5입니다. 어떤 두 수는 무엇일지 표의 빈칸을 채워서 구하세요.

합이 17인 두 수	1	2					
	16	15					
두 수의 차	15	13					

3 연습문제

01 어떤 수에서 8을 빼고 5를 더해야 할 것을 잘못하여 8을 더하고 5를 뺐더니 16이 되었습니다. 바르게 계산했을 때의 답은 얼마일까요?

02 목장에는  염소와  오리를 합쳐 10마리의 동물이 있습니다. 목장에 있는 모든 동물들의 다리 수의 합이 30개일 때, 목장에는 염소와 오리가 각각 몇 마리씩 있을지 아래 표의 빈칸을 채워서 구하세요.

 염소	1마리				
 오리	9마리				
다리 수의 합	22개				

정답 및 풀이 P.12

03 무우와 제이의 대화를 보고 무우와 제이가 가지고 있는 구슬의 개수를 각각 구하세요.

무우 : 구슬 8개만 더 있으면 내가 가진 구슬이 25개가 될 텐데..

제이 : 나는 무우보다 5개 더 많은 구슬을 가지고 있어!

04 작년 어머니의 나이는 나의 나이의 4배였으며, 올해 나의 나이는 10살입니다. 나와 어머니 나이의 합이 55살이 되는 것은 몇 년 후일지 표의 빈칸을 채워서 구하세요.

	작년	현재	1년 후				
나		10살					
어머니							
총합							

3 연습문제

05 무우는 톱을 이용해 48m 길이의 통나무를 8m 간격으로 잘라서 여러 개의 도막으로 나누려고 합니다. 무우는 몇 번의 톱질을 해야할까요? (단, 통나무 여러 도막을 겹쳐서 한 번에 자를 수 없습니다.)

06 무우와 친구들이 탄 버스는 첫 번째, 두 번째 정류장을 지나 세 번째 정류장으로 향하고 있습니다. 친구들의 대화를 보고 맨 처음 버스에 타고 있던 사람들은 몇 명인지 구하세요.

무우 : 첫 번째 정류장에서 8명이 내렸어!

상상 : 첫 번째 정류장에서 3명이 타고 두 번째 정류장에서 5명이 탔어!

알알 : 두 번째 정류장에서는 탄 사람만큼 내렸어!

제이 : 현재 버스에 탄 사람들은 21명이야!

07 20개의 쿠키를 한 사람 당 3개씩 나누어 먹었습니다. 그랬더니 2개의 쿠키가 남았을 때, 쿠키를 나누어 먹은 친구들은 총 몇 명일까요?

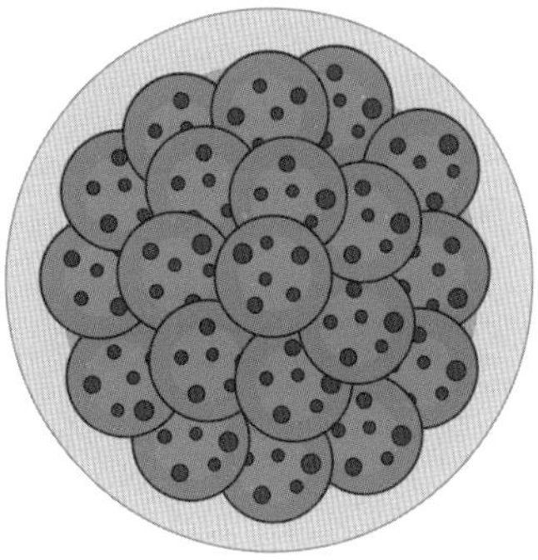

08 상상이와 알알이는 바닷가에서 조개를 주우며 놀고 있습니다. 상상이와 알알이가 주운 조개의 개수를 합하면 18개이고, 상상이는 알알이 두 배만큼의 조개를 주었습니다. 상상이와 알알이는 각각 몇 개의 조개를 주었을까요? 표를 이용하여 구하세요.

상상이							
알알이							

09 무우는 50원짜리와 100원짜리 동전을 합하여 6개의 동전을 가지고 있습니다. 총 금액이 400원일 때, 무우가 가진 50원짜리 동전과 100원짜리 동전은 각각 몇 개일까요? 표를 이용하여 구하세요.

50원					
100원					
총 금액					

10 나와 동생은 2살 차이이고, 아빠는 엄마보다 한 살이 더 많습니다. 나의 나이를 4배하고 3살을 더하면 아빠의 나이와 같습니다. 동생의 나이는 7살일 때, 엄마의 나이를 구하세요.

정답 및 풀이 P.14

11 무우는 가지고 있던 몇 개의 구슬 중 3개를 상상이에게 주고, 알알이에게 5개를 받았습니다. 그 후 가진 구슬의 절반을 제이에게 줬더니 무우에게 남은 구슬은 7개였습니다. 무우가 원래 가지고 있던 구슬은 몇 개일까요?

12 내 저금통에는 5,000원이 있고, 형의 저금통에는 3,000원이 있습니다. 나는 하루에 100원씩, 형은 하루에 500원씩을 매일 저금할 때, 나와 형의 저금통 액수가 같아지는 것은 며칠 후일까요? 표를 이용하여 구하세요.

나의 저금통 액수					
형의 저금통 액수					

01 형과 동생은 만두 한 접시를 나누어 먹으려고 합니다. 형은 먼저 4개의 만두를 먹고 남은 만두의 절반을 동생에게 주었습니다. 동생은 그 중 8개의 만두를 먹고 남은 만두는 형에게 다시 주었으며, 형은 동생에게 받은 만두를 포함해 접시에 남은 12개의 만두를 모두 먹었습니다. 이때, 동생이 남긴 만두의 개수와 처음에 접시에 담겨 있던 만두의 개수를 각각 구하세요.

02 제이는 하루마다 일정한 쪽수의 책을 읽어 총 35쪽의 동화책을 일주일 동안 모두 읽었습니다. 동화책을 읽은 것과 같은 빠르기로 65쪽의 위인전을 읽으려면 며칠이 걸릴까요?

03 나는 매일 200원을 저금하고, 형은 매일 500원을 저금합니다. 현재 나의 저금통에는 2,000원이, 형의 저금통에는 6,500원이 있을 때, 형의 저금통 액수가 나의 저금통 액수의 세 배가 되는 것은 며칠 후일까요? 표를 이용하여 구하세요.

나의 저금통 액수					
형의 저금통 액수					

04 〈보기〉와 같이 길이가 40m인 공원 산책로에 일정한 간격으로 6그루의 나무를 심었습니다. 이와 같은 간격으로 길이가 64m 인 길에 나무를 심을 때, 몇 그루의 나무를 심을까요? (단, 길의 처음과 끝에는 반드시 나무를 심습니다.)

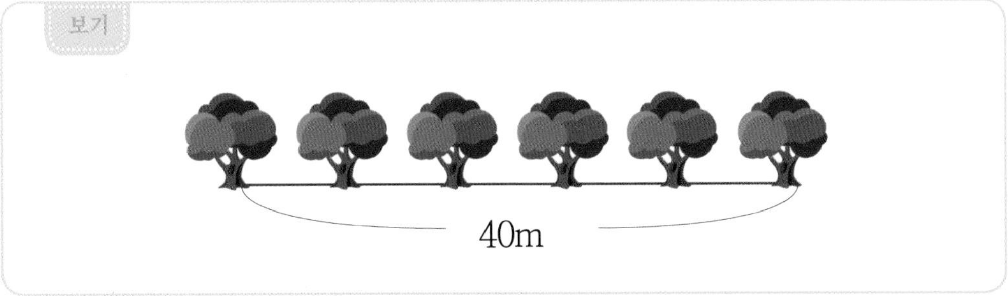

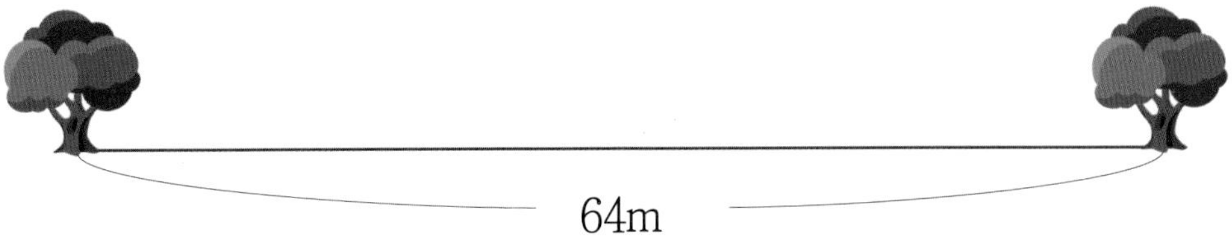

01 방과 후 보충 수업으로 수학을 신청한 학생은 32명, 과학을 신청한 학생은 국어보다 8명이 더 많았고, 국어를 신청한 학생은 수학보다 5명이 적었습니다. 방과 후 보충 수업을 신청한 여학생이 총 54명일 때, 방과 후 보충 수업을 신청한 남학생은 모두 몇 명일까요?

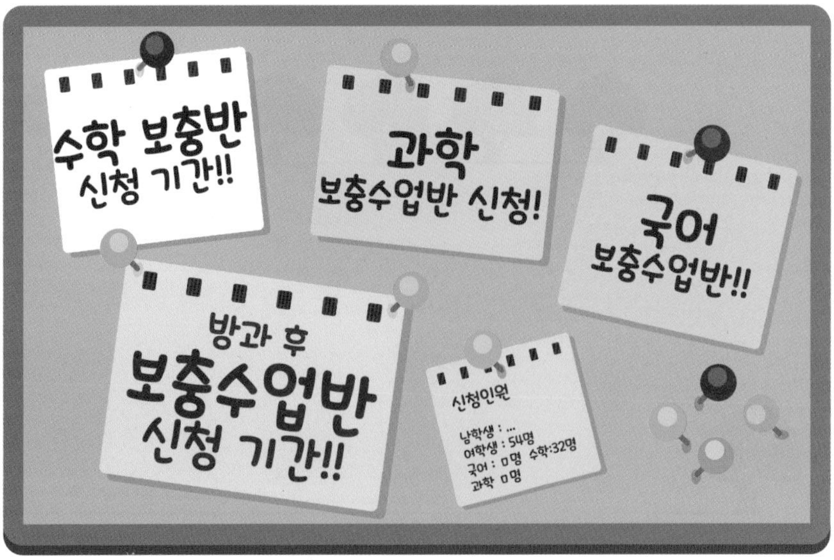

02
창의융합문제

무우와 친구들이 빌리고 남은 두발자전거의 바퀴 개수는 모두 몇 개일까요?

베트남에서 셋째 날 모든 문제 끝~!
다낭으로 이동하는 무우와 친구들에게 어떤 일이 일어날까요?

스핑크스의 수수께끼?

제이야 무슨 책을 읽는거야?
그리스 신화 이야기 중 스핑크스에 대한 이야기를 읽고 있어!
스핑크스
스핑크스? 그게 뭔데?
사람의 머리와 사자의 몸을 가진 상상의 동물이야..! 여행자에게 수수께끼를 내서 대답하지 못하면 잡아먹는대!
헉.. 무시무시하잖아..! 그 수수께끼가 도대체 뭐야...?
한 번 정답을 맞혀봐! "아침에는 네 개의 다리로 걷고, 점심에는 두 개의 다리로 걷고, 저녁에는 세 개의 다리로 걷는 생물은 무엇일까요?"
아.. 도대체 뭐지?? 난 스핑크스에게 잡아 먹혔을거야!!
으악
정답은 사람이야! 사람은 어려서 네 발로 기고, 커서는 두 발로 걷고, 늙어서는 지팡이를 짚고 세 발로 걷기 때문이지!
ㅎㅎ

4. 재치있게 풀기

베트남 넷째 날 DAY 4

베트남에서 넷째 날, 무우와 친구들은 호이안에서 다낭으로 이동했어요. 다낭에 있는 〈대성당〉과 〈바나힐〉을 둘러보려고 해요. 자, 그럼 먼저 〈대성당〉에 도착한 친구들과 함께 다음의 수학 문제를 풀어볼까요?

4 단원 살펴보기

1. 재치있게 풀기

아래 그림은 사진사가 제시한 퀴즈입니다. 그림의 물음표 안에 들어갈 알맞은 숫자는 무엇일까요?

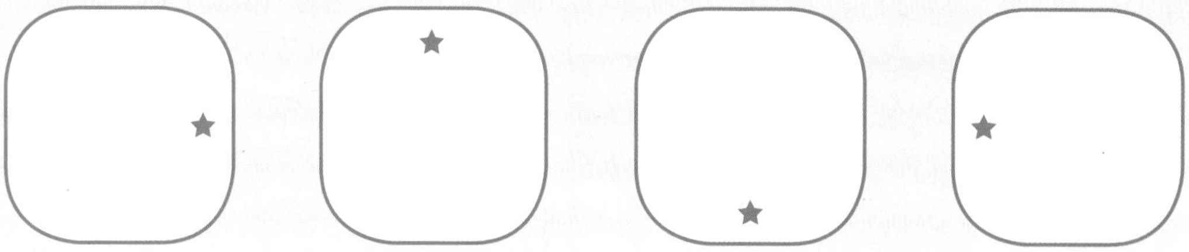

3 **12** **6** **?**

▶ 일반적인 방법을 통해서는 풀리지 않던 문제도 창의적인 방법을 이용하면 해결할 수 있습니다. 단순한 도형을 보고 여러 가지 사물을 떠올려 보고, 주어진 단어를 다양한 뜻으로 생각해봅니다.

① '시계'를 떠올리면 되는 문제입니다.

② 위 그림은 시침과 분침, 숫자가 생략된 시계와 같습니다.
첫 번째 그림은 시계의 3시 지점, 두 번째 그림은 시계의 12시 지점, 세 번째 그림은 시계의 6시 지점에 별이 그려져 있습니다.

③ 네 번째 그림은 시계의 9시 지점에 별이 그려져 있으므로 물음표 안에 들어갈 알맞은 숫자는 9입니다.

2. 성냥개비

- ▶ 모든 성냥개비의 길이는 같으며 구부리거나 부러트릴 수 없습니다.
- ▶ 여러 개의 성냥개비를 겹쳐서 한 개로 보이게 할 수 없습니다.
- ▶ 아래와 같이 숫자를 나타내거나 여러 가지 도형을 나타낼 수 있습니다.
- ▶ 숫자 6, 9는 성냥개비 5개 또는 6개로 나타낼 수 있습니다.

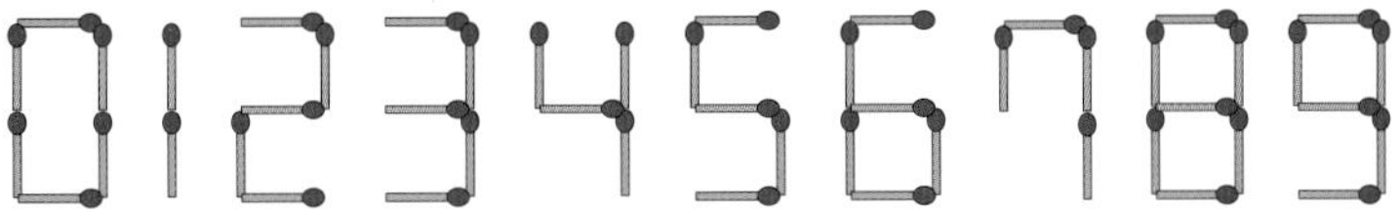

다음과 같이 두 개의 나뭇가지를 옮겨서 같은 크기의 삼각형 세 개를 만들 수 있습니다.

①

②

4 대표문제

1 단계 . 재치있게 풀기

팻말의 물음표 안에 들어갈 알맞은 숫자는 무엇일까요?

Step 1 일상에서 사용하는 물건들을 떠올려 보고, 10 + 5를 3으로, 20 - 7을 1로 나타낼 수 있는 것이 무엇일지 이야기하세요.

Step 2 팻말의 물음표 안에 들어갈 알맞은 숫자는 무엇일까요?

정답 및 풀이 P.16

풀이

Step 1 '시계'를 떠올리면 되는 문제입니다. 10 + 5의 정답이 3이 될 수 있는 이유는 시계에서 15시는 3시와 같기 때문입니다. 이와 마찬가지로 20 − 7의 정답이 1이 될 수 있는 이유는 시계에서 13시는 1시와 같기 때문입니다.

Step 2 5 + 9의 값은 14이고 시계에서 14시는 2시와 같습니다. 따라서 물음표에 들어갈 알맞은 숫자는 2입니다.

정답 : 2

확인하기 1

물음표 자리에 들어갈 알맞은 자음은 무엇일까요?

ㄱ ㄹ ㅅ ㅊ ?

확인하기 2

물음표 자리에 들어갈 알맞은 수는 무엇일까요?

2 ★ 3 = 7	4 ★ 6 = 25
3 ★ 7 = 22	2 ★ 5 = ?

2 단계 . 성냥개비

연산 기호나 등호는 건드리지 않고 한 개의 성냥개비를 옮겨서 식이 성립하도록 만드세요.

Step 1 숫자 2에서 한 개의 성냥개비를 옮겨 만들 수 있는 숫자를 그려 보세요.

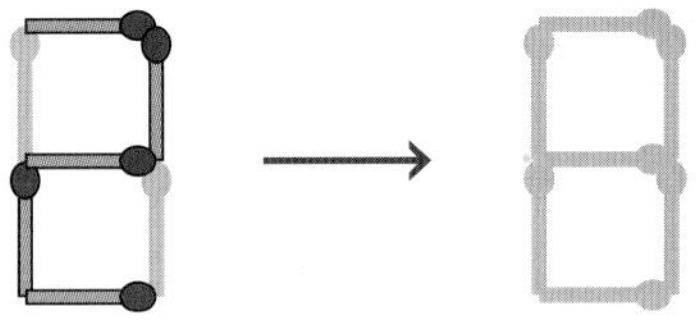

Step 2 숫자 9에서 한 개의 성냥개비를 옮겨 만들 수 있는 숫자를 그려 보세요.

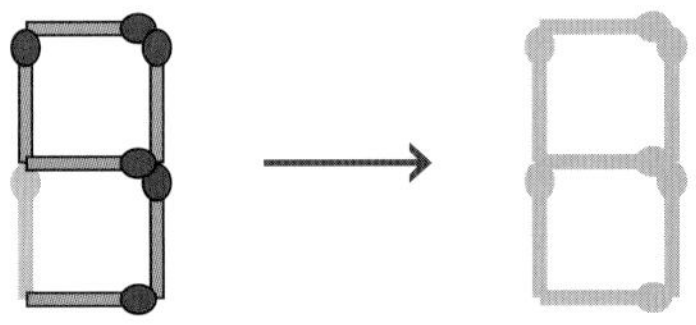

Step 3 식이 성립하게 만들려면 어떤 성냥개비를 어디로 옮겨야 할까요?

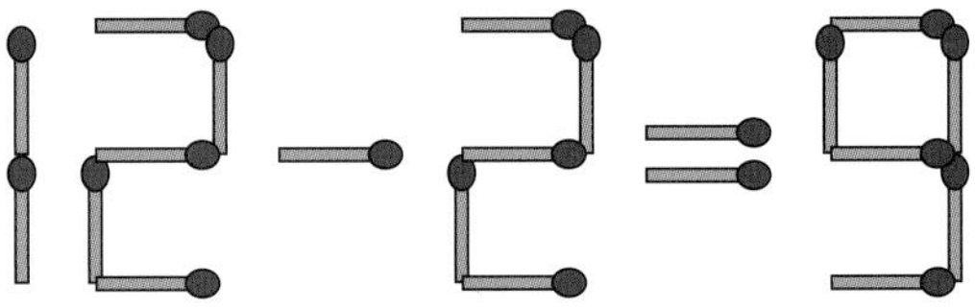

Step 1 다음과 같이 하나의 성냥개비를 옮겨 숫자 3을 만들 수 있습니다.

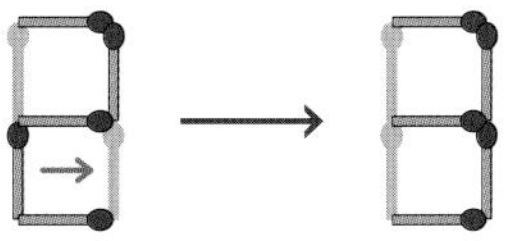

Step 2 다음과 같이 하나의 성냥개비를 옮겨 숫자 6을 만들 수 있습니다.

Step 3 12 − 2 = 9에서 2를 3으로 만들면 식을 성립하게 만들 수 있습니다.

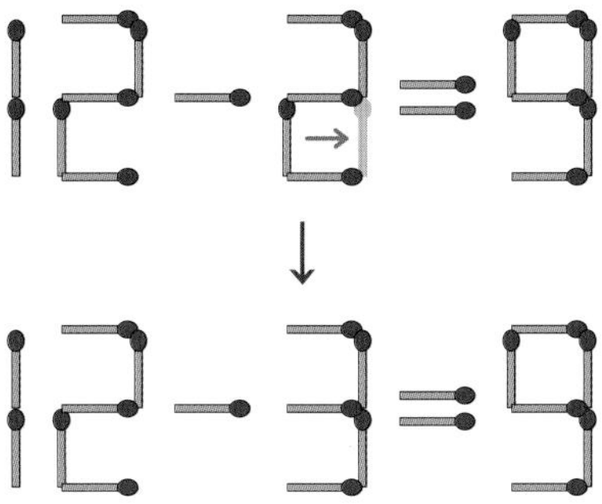

확인하기 연산 기호나 등호는 건드리지 않고 한 개의 성냥개비를 옮겨서 식이 성립하도록 만드세요.

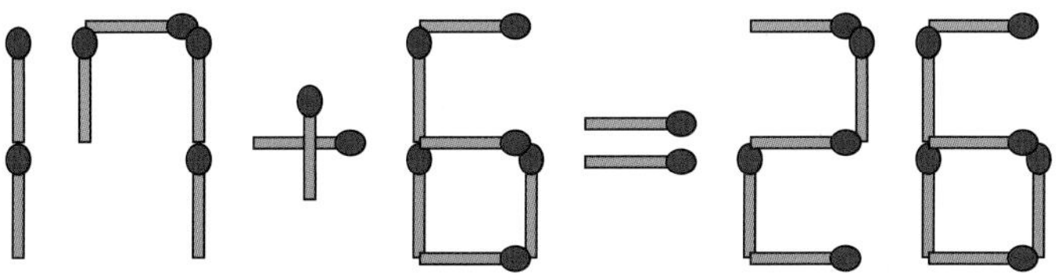

4 연습문제

01 물음표 안에 들어갈 알맞은 수는 무엇일까요?

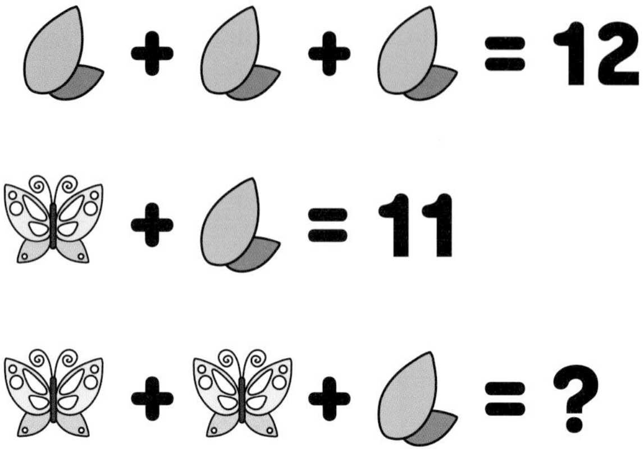

02 무우는 친구들에게 퀴즈를 냈습니다. 무우가 낸 퀴즈의 정답은 무엇일까요?

> 5는 0을 이기고 0은 2를 이기고
> 2는 5를 이기는 것은 무엇일까?

정답 및 풀이 P.17

03 두 개의 성냥개비를 옮겨서 같은 크기의 사각형 두 개를 만드세요.

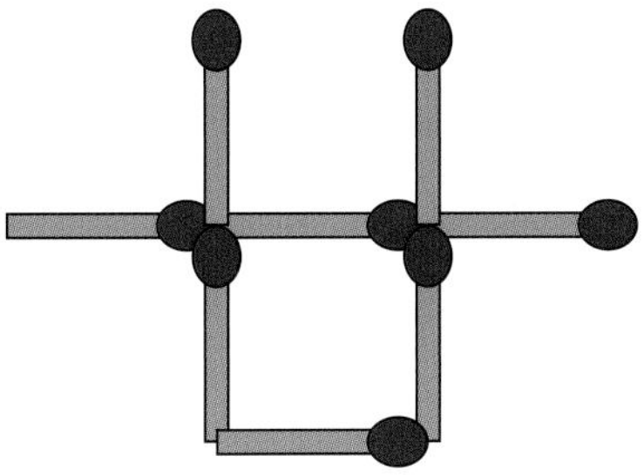

04 숫자 '3'과 '6'을 만드는 데 사용된 성냥개비로 다른 숫자를 두 개 이상 만드세요.

(1)

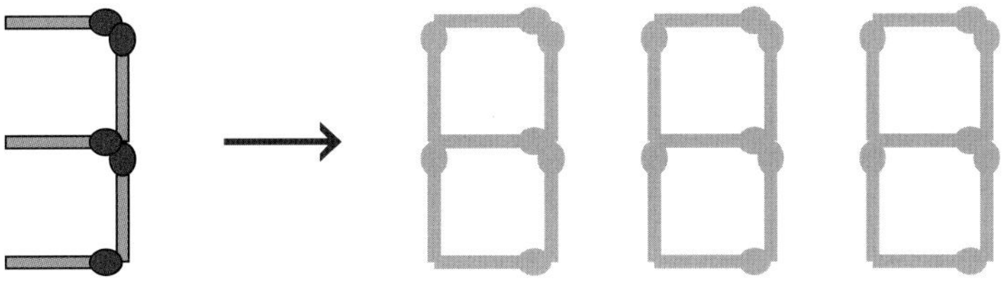

(2)

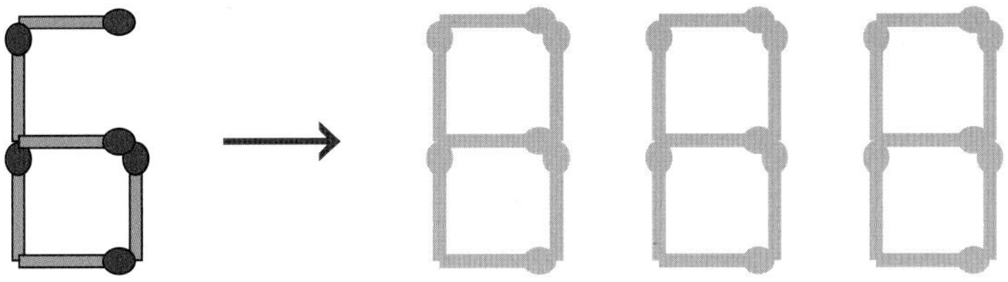

4 연습문제

05 <보기>의 규칙처럼 물음표에 들어갈 알맞은 수는 무엇일까요?

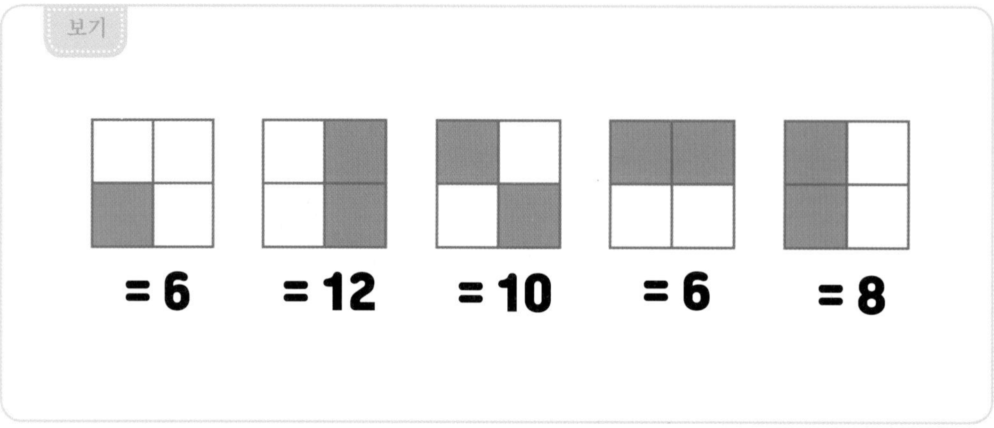

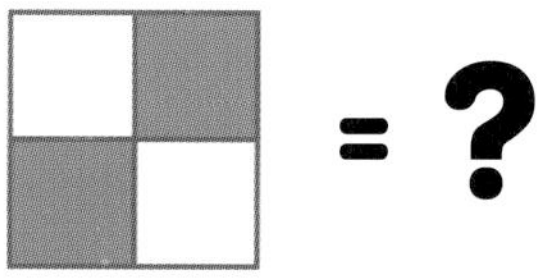

06 등호는 건드리지 않고 두 개의 성냥개비를 옮겨서 식이 성립하도록 만드세요.

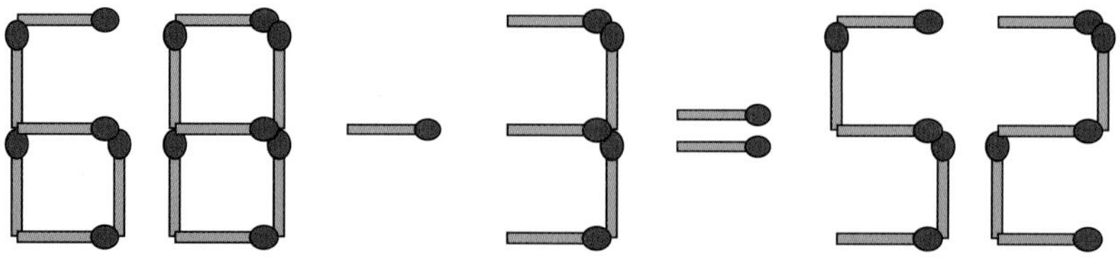

정답 및 풀이 P.18

07 자음과 모음을 회전하지 않고 재배치하여 올바른 단어를 만드세요.

(1) 라흔 → [ ]

(2) 릭와 → [ ]

08 성냥개비 1개를 더하거나 빼서 만들 수 있는 수를 모두 찾아서 적으세요.

(1) 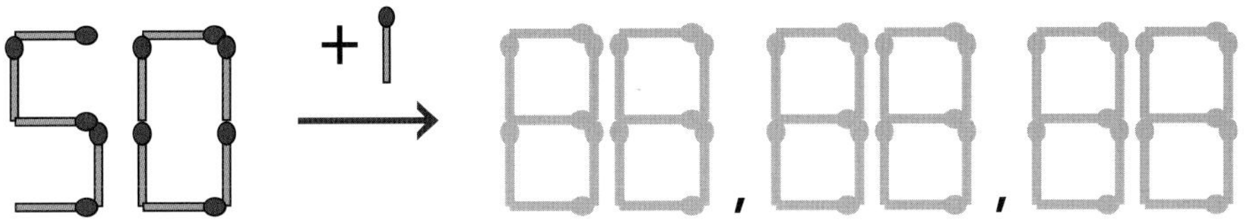

(2) 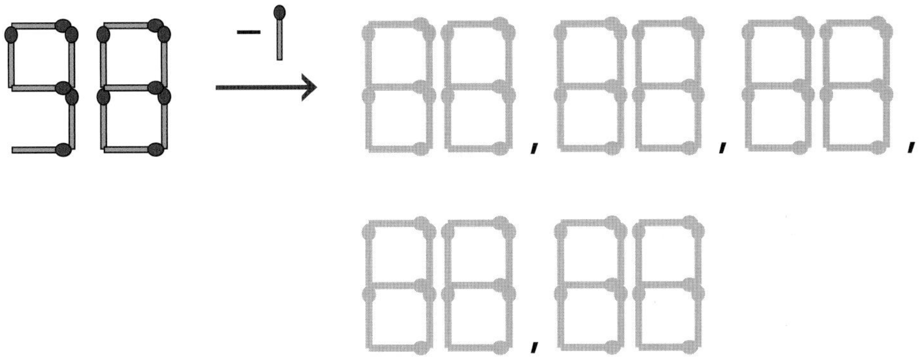

09 6개의 원이 위를 바라보는 삼각형 모양으로 놓여 있습니다. 삼각형이 아래를 바라보도록 두 개의 원을 옮기세요.

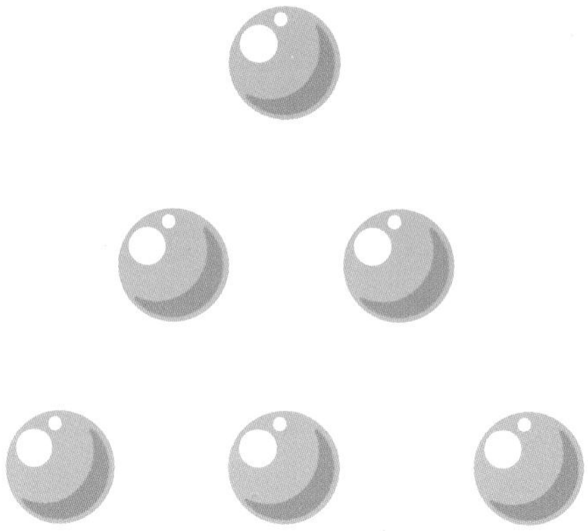

10 물음표 자리에 들어갈 알맞은 자음은 무엇일까요?

ㅎ ㄴ ㄷ ㅅ ㄴ ㄷ ㅅ ㅇ ?

11 제이는 무언가를 보더니 아래와 같이 말했습니다. 제이가 보고 있는 것은 무엇일까요?

24에다가 6을 더하면 30인데
10을 더하면 4야!

12 한붓그리기란 연필을 종이 위에서 떼지 않고 같은 선 위를 반복해서 지나지 않도록 어떠한 도형을 그리는 것입니다. 아래 도형들 중 한붓그리기가 가능한 도형을 모두 찾아 ○ 표시하세요.

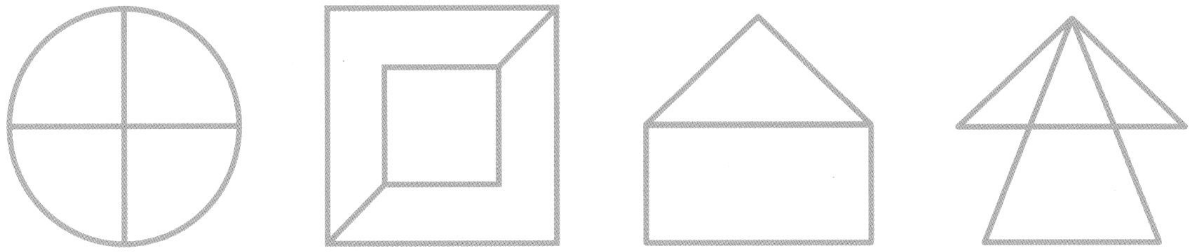

4 심화문제

01 〈보기〉의 규칙처럼 물음표에 들어갈 알맞은 수를 구하세요.

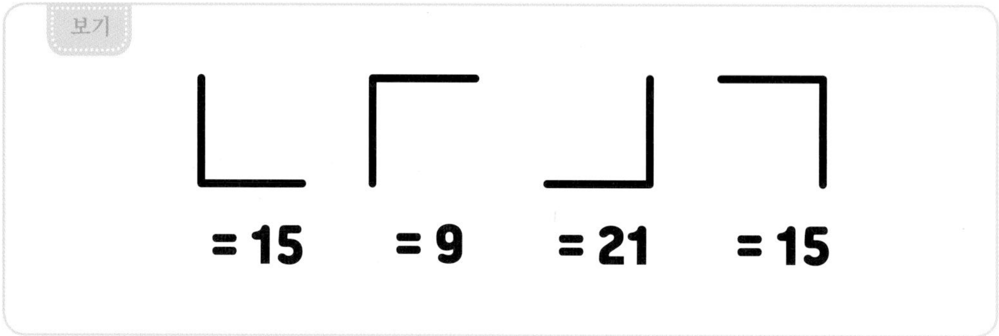

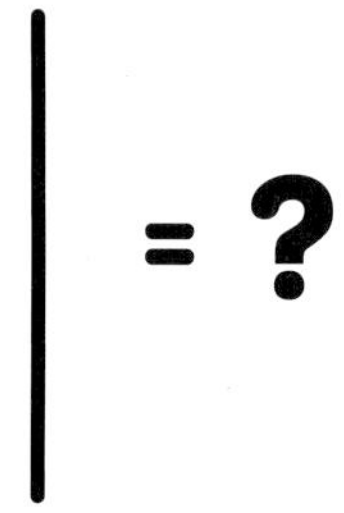

02 물음표 안에 들어갈 알맞은 수는 무엇일까요?

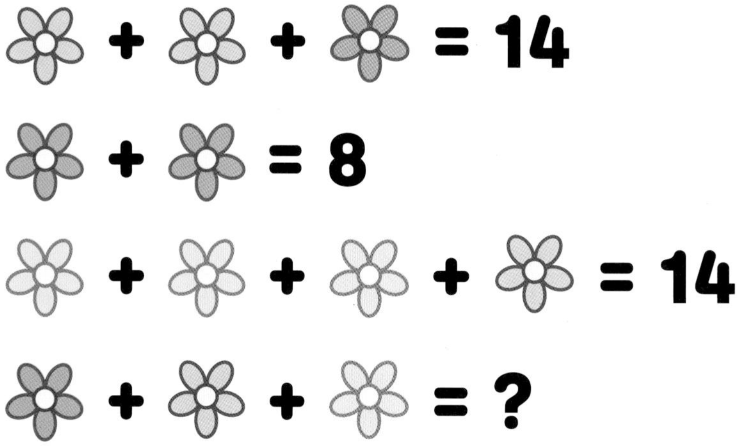

03 네 번째에 들어갈 알맞은 그림은 무엇일까요?

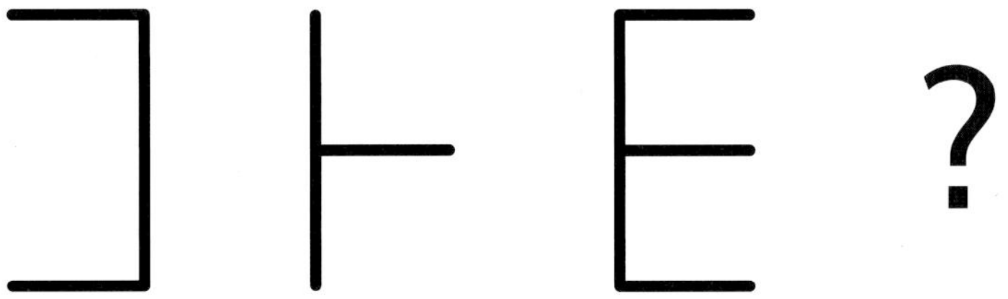

첫 번째　　두 번째　　세 번째　　네 번째

04 성냥개비를 이용하여 '84'를 만들었습니다. 두 개의 성냥개비를 움직여서 가장 큰 수를 만들어보세요. (단, 숫자는 최소 2개 이상의 성냥개비로 만들어야 합니다.)

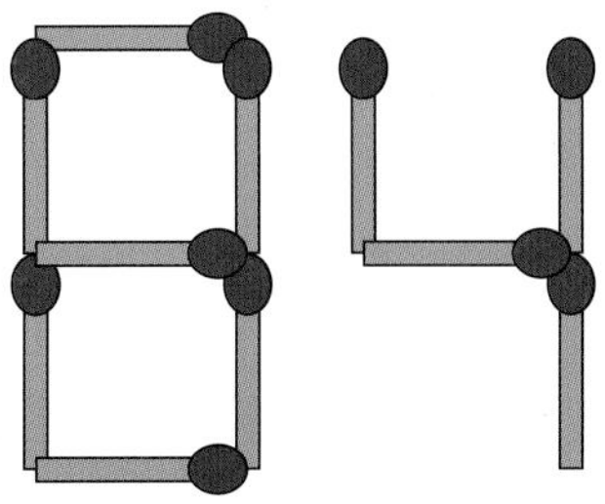

01 이상한 나라의 시간은 우리가 살고 있는 세상과는 다르게 흐릅니다. 하루는 24시간이 아닌 16시간이며, 시간은 12시까지가 아닌 8시까지입니다. 대화 내용을 보고 토끼와 다람쥐가 약속한 날의 요일과 시간을 이야기하세요. (단, 시간은 똑같이 오전과 오후로 나뉩니다.)

다람쥐 : 오늘은 수요일이고... 지금 시간은 몇 시야?

토끼 : 오후 3시야~! 우리 20시간 뒤에 만나는게 어때?

다람쥐 : 흐음... 그 보다 2시간만 늦게 만나자!

토끼 : 알겠어! 그럼 그때 봐~

02
창의융합문제

왕의 마음을 사로잡은 초상화를 스님은 어떻게 그린 것일까요?

베트남에서 넷째 날 모든 문제 끝~!
후에로 이동하는 무우와 친구들에게 어떤 일이 일어날까요?

범인은 누구일까?

콰당!!
으악! 누가 여기에다가 바나나 껍질을 버린 거야?
아까 간식으로 나랑 알알이, 제이가 바나나를 먹긴 했는데...
그럼 셋 중에 누가 범인인지 추리해봐야겠어!
바나나 껍질에 쿠키 부스러기가 묻어 있는데..
흠..
그럼 내가 먹은 바나나는 아니야! 쿠키를 먹은건 상상이와 제이야~
그럼 제이가 먹은 바나나 껍질인가..?
무슨일 있어? 다들 모여서 뭘 하는 거야?
어? 제이야 아까 간식으로 받은 바나나 아직 안 먹었어?
응! 이따가 먹으려고 아껴두고 있었는데..
그렇다면 범인은 상상이 너잖아! 아무데나 바나나 껍질을 버리면 어떻게 해!
버럭!
흐흐 미안해.. 쓰레기통에 잘 버린 줄 알았는데 그게 왜 거기에 있지?

5. 추론하기

베트남 다섯째 날 DAY 5

베트남에서 다섯째 날, 무우와 친구들은 다낭에서 베트남 중부에 있는 후에로 이동했어요. 후에에 있는 〈응우옌〉 궁터를 가보려고 해요. 자, 그럼 〈응우옌〉에서 친구들이 만난 수학 문제를 함께 해결해 볼까요?

5 단원 살펴보기

1. 논리표

친구들의 대화를 보고 어떤 친구가 어떤 색의 씨클로를 타게 될지 논리표를 이용해 구하세요.

무우 : 나는 빨간색 씨클로는 타지 않을래!

상상 : 나는 파란색과 초록색 씨클로는 싫어~

알알 : 나는 무우랑은 다른 초록색 씨클로를 타야지!

제이 : 나는 상상이와 같은 색깔의 씨클로를 탈래!

씨클로 : 뒤에서 밀어주는 사람(인부)가 있고 앞에 한 명 탑승 가능한 인력거

	무우	상상	알알	제이
빨간색	✕			
초록색				
파란색				

① 복잡하게 보이는 문제도 표를 이용하면 쉽게 풀 수 있습니다.
② 표의 가로줄과 세로줄에는 문제에 주어진 대상과 특징을 적습니다.
③ 문제에 주어진 정보를 이용해 표에 ○ × 를 채워가며 풀이합니다.

① 친구들의 대화를 보고 알맞게 표를 채우면 다음과 같습니다.

	무우	상상	알알	제이
빨간색	×	○	×	○
초록색	×	×	○	×
파란색	○	×	×	×

→ 무우는 파란색, 상상이와 제이는 빨간색, 알알이는 초록색 씨클로를 타게 됩니다.

2. 순서와 자리

친구들이 도착한 순서대로 적으세요. ☐ → ☐ → ☐ → ☐

① 정확한 위치를 알 수 있는 친구부터 먼저 찾습니다.

② 주어진 조건을 하나씩 비교해가며 공통적으로 나온 친구를 이용해 나머지 친구들의 자리와 순서를 정합니다.

① 가장 먼저 도착한 친구는 알알이입니다.

② 제이가 도착하기 전 두 명의 친구들이 먼저 와있었으므로 제이는 세 번째로 도착했습니다.

③ 상상이는 제이보다도 늦게 도착했으므로 가장 늦은 네 번째로 도착했습니다.

④ 자연스럽게 무우는 두 번째에 도착한 것을 알 수 있습니다.

→ 도착한 순서는  입니다.

알알, 무우, 제이, 상상,

5 대표문제

1 단계 . 논리표

네 명의 친구들이 타고 싶은 이동 수단은 모두 다릅니다.
과연 어떤 친구가 어떤 이동 수단을 타고 싶어 할까요?

Step 1 친구들의 대화를 보고 아래 논리표에 ○ × 표시를 알맞게 채우세요.

	무우	상상	알알	제이
택시				
기차				
버스				
씨클로				

Step 2 네 명의 친구들이 타고 싶어 하는 이동 수단은 각각 무엇일까요?

Step 1 정확한 정보를 알 수 있는 친구부터 먼저 표를 채워 나갑니다.

	무우	상상	알알	제이
택시	×		×	
기차		×	×	
버스	×		×	×
씨클로	×	×	○	×

알알이는 씨클로를 타고 싶어 하므로 다른 친구들은 씨클로를 타지 않습니다.

제이는 버스를, 상상이는 기차를 타고 싶지 않아 합니다.

무우는 택시와 버스를 타고 싶지 않아 합니다.

	무우	상상	알알	제이
택시	×	×	×	○
기차	○	×	×	×
버스	×	○	×	×
씨클로	×	×	○	×

각 가로줄, 세로줄에 ○ 표시가 한 개씩만 있도록 표를 완성하면 다음과 같습니다.

Step 2 무우는 기차, 상상이는 버스, 알알이는 씨클로, 제이는 택시를 타고 싶어합니다.

정답 : 무우 – 기차, 상상 – 버스, 알알 – 씨클로, 제이 – 택시

확인하기 다음 내용을 보고 무우, 상상, 알알이가 좋아하는 과일이 무엇인지 각각 구하세요.

(1) 세 친구는 딸기, 바나나, 사과 중 서로 다른 한 가지 과일을 좋아합니다.

(2) 무우는 빨간색 과일을 좋아합니다.

(3) 상상이는 사과를 좋아합니다.

2 단계 . 순서와 자리

친구들의 자리를 찾아서 의자 위에 알맞은 이름을 적으세요.

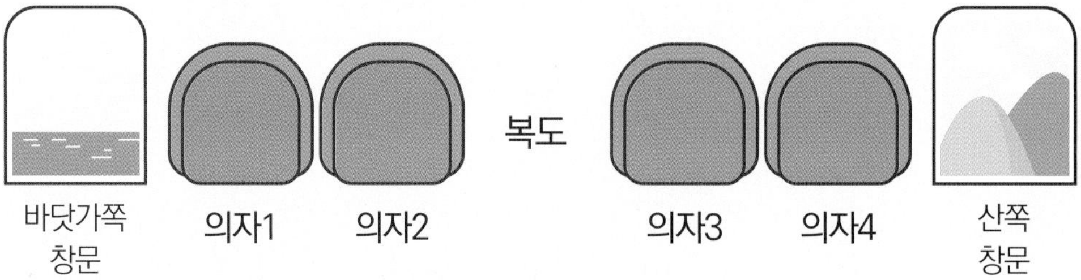

Step 1 제이의 자리를 찾아 의자 위에 이름을 적으세요.

Step 2 상상이와 알알이의 자리를 찾아 의자 위에 이름을 적으세요.

Step 3 남은 한 자리 위에 무우의 이름을 적으세요.

Step 1 제이의 자리는 바다가 보이는 창문쪽입니다.

바닷가쪽 창문	제이	의자 2	복도	의자 3	의자 4	산쪽 창문

Step 2 알알이의 자리는 복도쪽인 의자2와 의자3중 하나인데 상상이의 자리가 제이의 바로 옆인 의자2이므로 알알이의 자리는 의자3입니다.

바닷가쪽 창문	제이	상상이	복도	알알이	의자 4	산쪽 창문

Step 3 자연스럽게 무우의 자리는 남은 한 자리인 산이 보이는 창가쪽 자리입니다.

바닷가쪽 창문	제이	상상이	복도	알알이	무우	산쪽 창문

확인하기 1 A, B, C 세 명이 달리기 시합을 했습니다. 아래 내용을 보고 각 친구의 순위를 구하세요.

(1) 동시에 결승선을 통과한 친구는 없습니다.

(2) A는 B보다 먼저 결승선을 통과했습니다.

(3) C는 A의 바로 다음으로 결승선을 통과했습니다.

확인하기 2 무우, 상상, 알알, 제이는 기차를 타기 위해 일렬로 줄을 서 있습니다. 친구들이 줄을 서 있는 순서에 알맞게 이름을 적으세요.

(1) 무우의 뒤에는 아무도 없습니다.

(2) 상상이는 제이의 앞에, 알알이의 뒤에 서 있습니다.

(앞) ☐ ☐ ☐ ☐ (뒤)

01 무우, 상상, 알알, 제이는 각자 서로 다른 계절을 좋아합니다. 다음 내용을 보고 논리표를 완성하여 친구들이 좋아하는 계절이 무엇인지 구하세요.

(1) 상상이와 제이는 여름을 좋아하지 않습니다.

(2) 무우는 봄을 좋아합니다.

(3) 제이는 크리스마스가 있는 계절을 좋아합니다.

	무우	상상	알알	제이
봄				
여름				
가을				
겨울				

02 무우, 상상, 알알, 제이는 놀이기구를 탑승하기 위해 한 줄로 서 있습니다. 다음 내용을 보고 네 명의 친구들이 서 있는 순서를 앞에서부터 차례대로 나열하세요.

(1) 상상이는 제이의 바로 앞에 서 있습니다.

(2) 무우와 제이 사이에는 두 명이 있습니다.

정답 및 풀이 P.22

03 엄마, 아빠, 나, 동생은 저녁을 먹기 위해 둥근 식탁에 둘러 앉았습니다. 그림과 내용을 보고 나의 왼쪽에 앉은 사람은 누구인지 구하세요.

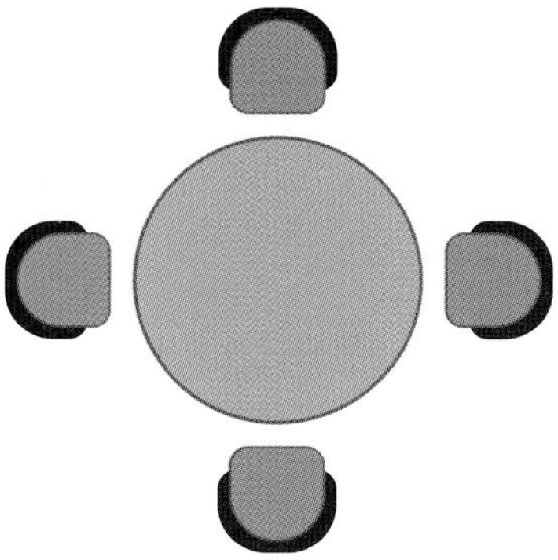

(1) 엄마와 아빠는 마주보고 앉아 계십니다.

(2) 동생의 왼쪽에는 아빠가 앉아 계십니다.

04 A, B, C, D 네 명의 선수가 수영 시합을 했습니다. 다음 내용을 보고 각 선수의 순위를 구하세요.

(1) 동시에 결승선에 도착한 선수는 없습니다.

(2) A선수는 C선수 바로 다음으로 결승선에 도착했습니다.

(3) B선수는 마지막으로 결승선에 도착했습니다.

(4) D 선수는 A선수보다 늦게 결승선에 도착 했습니다.

05 민지, 성우, 지민, 재호의 성은 김씨, 이씨, 최씨, 정씨 중에 하나입니다. 아래 내용을 보고 논리표를 완성하여 친구들의 정확한 이름을 구하세요.

(1) 네 친구들의 성은 모두 다릅니다.
(2) 민지의 성에는 받침이 들어가지 않습니다.
(3) 재호의 성은 이씨입니다.
(4) 지민이의 성에는 'ㅇ' 이 들어갑니다.

	민지	성우	지민	재호
김				
이				
최				
정				

06 오늘은 지난 주에 본 수학 시험의 점수가 나오는 날입니다. 다음 내용을 보고 A, B, C, D 네 명의 친구들을 성적이 좋은 순서대로 나열하세요.

(1) B의 점수는 C와 D보다 높습니다.
(2) A보다 점수가 낮은 친구는 2명입니다.
(3) D보다 점수가 낮은 친구는 없습니다.

07

A, B, C, D, E 다섯 명은 5층 빌라 서로 다른 층에 혼자 살고 있습니다. 다음 내용을 보고 높은 층에 사는 사람의 순서대로 나열하세요.

(1) B는 A와 E보다 높은 층에 삽니다.

(2) D 는 A의 바로 위층에 삽니다.

(3) C의 아래에는 세 명이 삽니다.

(4) E는 D보다 윗층에 삽니다.

08

무우, 상상, 알알, 제이는 혈액형이 모두 다릅니다. 아래 내용을 보고 친구들의 혈액형을 각각 구하세요.

(1) 혈액형의 종류는 A형, B형, O형, AB형으로 네 가지입니다.

(2) 무우의 혈액형에는 알파벳 B가 들어갑니다.

(3) 상상이와 제이의 혈액형에는 같은 알파벳이 들어갑니다.

(4) 제이와 알알이의 혈액형은 알파벳 한 글자입니다.

	A형	B형	O형	AB형
무우				
상상				
알알				
제이				

09 갑자기 야구공이 날아와 교실의 유리창이 깨졌습니다. 범인은 무우, 상상, 알알이 중 한 명이고 이 중 진실을 말하고 있는 사람은 한 명입니다. 진실을 말하고 있는 친구는 누구이고, 유리창을 깬 범인은 누구일까요?

무우 : 범인은 상상이야!

상상 : 나는 범인이 아니야!

알알 : 나도 범인이 아니야!

10 상상, 알알, 제이는 각자 세 가지 빵 중 서로 다른 빵 한 가지와, 세 가지 우유 중 서로 다른 우유 한 가지씩을 먹었습니다. 아래 내용을 보고 각 친구들이 먹은 빵과 우유의 종류를 구하세요.

(1) 빵은 크림빵, 소보로빵, 단팥빵 세 가지이고, 우유는 흰우유, 초코우유, 딸기우유 세 가지입니다.

(2) 상상이는 흰우유를 마셨습니다.

(3) 초코우유를 마신 친구는 소보로빵을 먹었습니다.

(4) 제이는 단팥빵을 먹었습니다.

11 서점, 문구점, 빵집, 편의점, 카페가 서로 다른 다섯 개의 건물에 위치합니다. 아래 내용을 보고 어떤 건물에 어떤 가게가 있는지 빈칸에 알맞은 상점의 이름을 적으세요.

(1) 문구점과 편의점 사이에는 두 개의 건물이 있습니다.

(2) 카페의 바로 왼쪽에는 서점이 있습니다.

(3) 문구점의 바로 오른쪽에는 빵집이 있습니다.

(왼쪽)

(오른쪽)

12 무우, 상상, 알알, 제이는 서로 다른 개수의 사탕을 가지고 있습니다. 아래 내용을 보고 사탕을 많이 가지고 있는 순서대로 이름을 나열하세요.

(1) 무우가 제이에게 두 개의 사탕을 주면 두 사람이 가진 사탕의 개수는 같아집니다.

(2) 알알이가 가진 사탕의 개수는 제이보다 두 개 더 많습니다.

(3) 상상이는 두 번째로 많은 개수의 사탕을 가지고 있습니다.

5 심화문제

01 상상이에게는 다섯 개의 구슬이 꿰어져 있는 목걸이가 있습니다. <보기>의 그림은 목걸이 일부를 나타낸 것입니다. 상상이의 목걸이에 꿰어져 있는 구슬의 색깔을 알맞게 색칠하세요.

보기

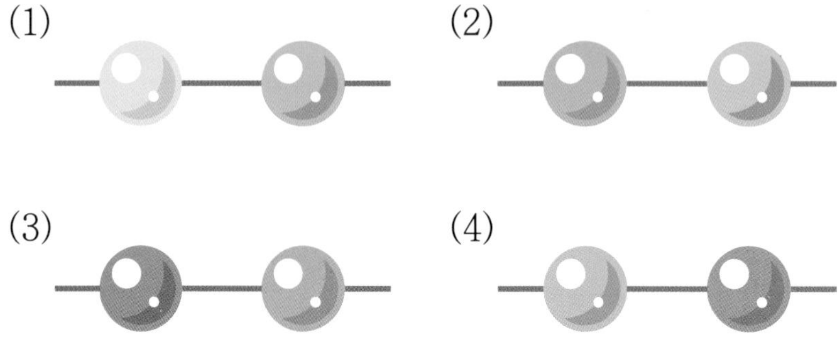

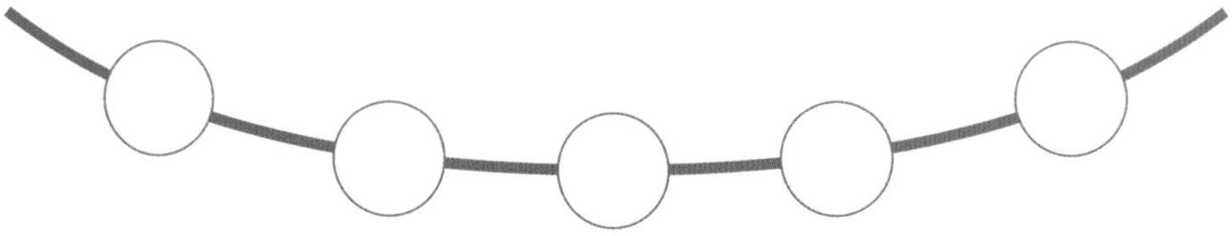

02 무우, 상상, 알알, 제이는 서로 다른 색의 모자 네 개와 서로 다른 색의 목도리 네 개를 한 개씩 나누어 가졌습니다. 아래 내용을 보고 각 친구들이 가진 모자와 목도리의 색깔은 무엇인지 구하세요.

(1) 모자와 목도리는 빨강, 노랑, 초록, 파랑색으로 각 네 종류입니다.

(2) 빨간색 모자를 가진 친구는 노란색 목도리를 가졌습니다.

(3) 무우는 파란색 모자를 가졌습니다.

(4) 제이는 초록색 모자를, 상상이는 초록색 목도리를 가졌습니다.

(5) 같은 색의 모자와 목도리를 가진 친구는 없습니다.

03 A, B, C, D 네 명 중 한 명은 항상 진실만을 말하는 참말족, 나머지 세 명은 항상 거짓만을 말하는 거짓말족입니다. 아래 네 사람의 대화 내용을 보고 이 중 참말족은 누구인지 구하세요.

A: D는 거짓말족이 아니야!

B: 나는 참말족이야!

C: A는 거짓말을 하고 있어!

D : C는 거짓말족이야!

04 무우, 상상, 알알, 제이는 저녁을 먹기 위해 둥근 식탁에 둘러앉았습니다. 아래 그림과 같이 의자의 색깔이 모두 다를 때, 아래 내용을 보고 어떤 색의 의자에 누가 앉았는지 구하세요.

(1) 무우의 건너편에는 상상이가 앉았습니다.

(2) 제이의 오른쪽에는 주황색 의자가 있습니다.

(3) 알알이의 왼쪽에는 무우가 앉았습니다.

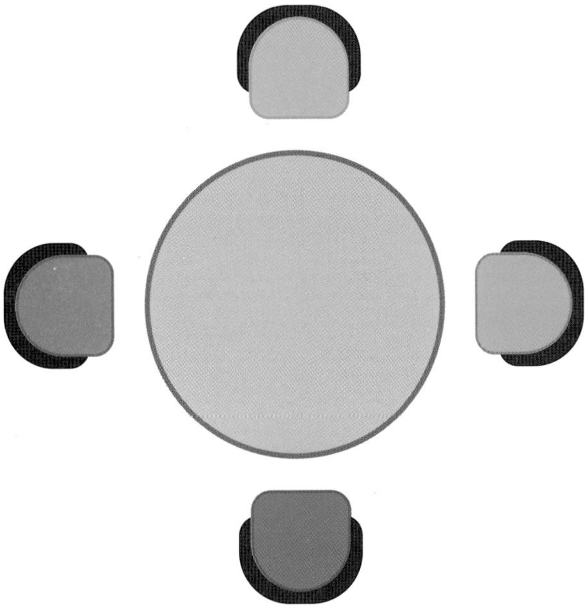

01 다음 내용을 보고 상상이의 학원 스케줄표를 완성하세요.

(1) 상상이는 하루에 피아노, 수학, 영어 학원을 한 번씩 갑니다.

(2) 월요일 오전에는 영어 학원을 갑니다.

(3) 피아노 학원은 낮에 가지 않습니다.

(4) 이틀 연속으로 같은 시간대에 같은 학원에 가지 않습니다.

〈학원 스케줄표〉

	월요일	화요일	수요일	목요일
오전				
낮				
저녁				

02
창의융합문제

과연 무우가 사람들에게 한 질문은 무엇일까요?

베트남에서 넷째 날 모든 문제 끝~!
하노이로 이동하는 무우와 친구들에게 어떤 일이 일어날까요?

미로?

미로는 복잡한 길을 찾아 출발점부터 시작해 도착점까지 도달하는 퍼즐입니다. 아래에 있는 미로 찾기 퍼즐의 출발점에서 시작해 도착점까지 갈 수 있는 길을 선으로 표시하세요.

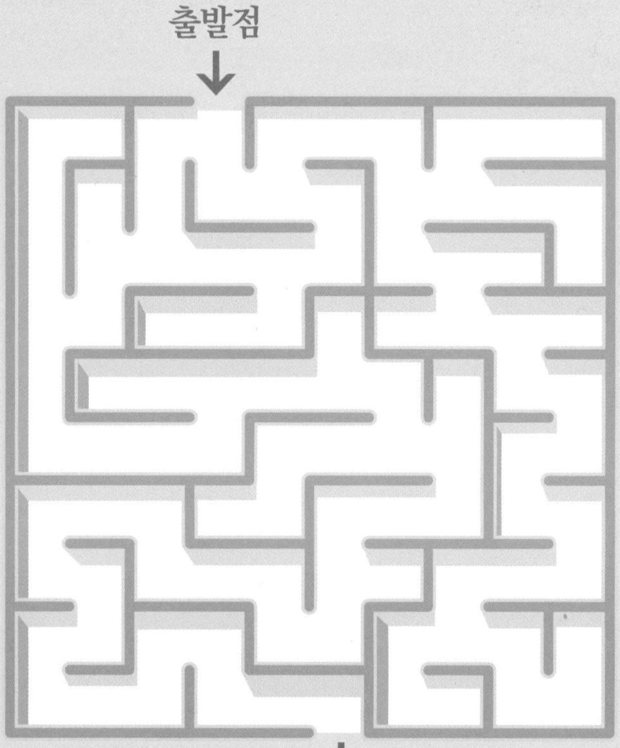

6. 미로와 퍼즐

베트남 여섯째 날 DAY 6

베트남에서 여섯째 날, 무우와 친구들은 후에에서 베트남의 수도 하노이로 이동했어요. 하노이의 〈올드쿼터〉지역과 〈탕롱 수상 인형 극장〉과 〈야시장〉에 가보려고 해요. 자, 그럼 〈올드쿼터〉에서 친구들이 만난 수학 문제를 함께 해결해 볼까요?

1. 미로 찾기

아래 규칙과 지도를 보고 무우와 친구들이 현 위치에서 레스토랑까지 갈 수 있는 길을 찾아 지도 위에 선으로 표시하세요.

1부터 8까지의 숫자를 끊기지 않고 한 번에 이었을 때, 숫자 1이 적힌 위치가 현 위치, 숫자 8이 위치가 레스토랑의 위치를 나타냅니다.

이 외에도 다양한 규칙을 가지는 미로들이 있습니다.

예) 출발점에서 시작하여 화살표 방향으로 이동하는데 다른 길을 만나면 반드시 방향을 꺾어야만 합니다. 도착점은 어디일까요?

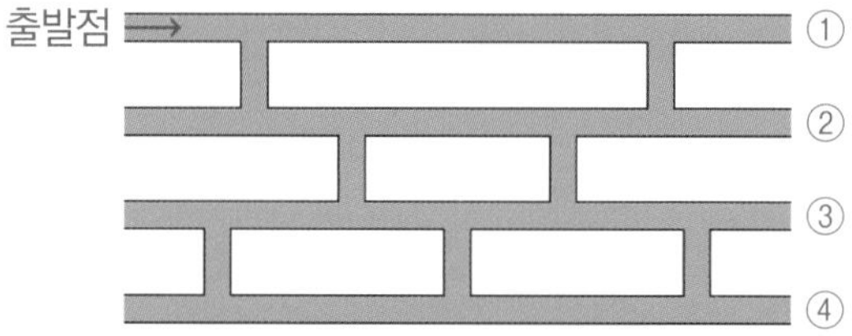

해결)

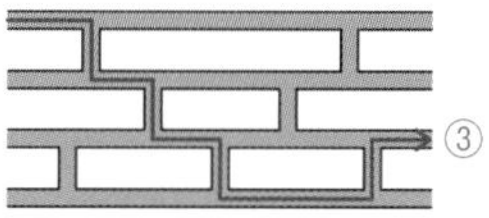

1부터 8까지의 숫자를 끊기지 않고 연결하는 방법은 다음과 같이 한 가지입니다.

2. 퍼즐 완성하기

○ 안에 적힌 수는 그 줄에 연속해서 색칠된 칸의 개수를 나타냅니다.
○의 수만큼 각 칸을 알맞게 색칠해 아래 퍼즐 그림을 완성하세요.

	②	④	③	①
②				
③				
④				
①				

설명

이와 같은 퍼즐을 '노노그램 퍼즐' 이라고 합니다.
이 외에도 다양한 규칙을 가지는 퍼즐들이 있습니다.

정답

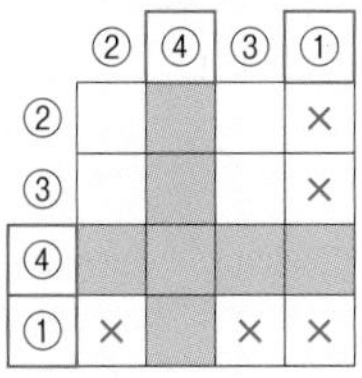

(1) 확실하게 색칠할 수 있는 칸은 색칠하고, 색칠할 수 없는 칸에는 ×표시를 합니다.

→

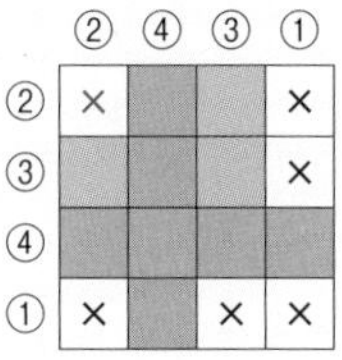

(2) ○ 안에 적힌 수를 보고 나머지 칸을 알맞게 색칠합니다.

→

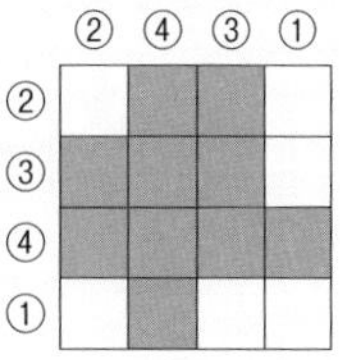

(3) 위와 같이 노노그램 퍼즐을 완성할 수 있습니다.

6 대표문제

1단계 . 미로 찾기

숫자 1에서 시작하여 숫자 4에서 끝나도록
1→2→3→4순으로 네 개의 숫자를 연결하려고 합니다.
모든 칸을 한 번씩 지나도록 네 개의 숫자를 연결하세요.
성공 시 인형 열쇠고리를 드립니다!
(단, 대각선 방향으로는 연결하지 않습니다.)

1			2
4			
		3	

Step 1 숫자 1과 2를 두 가지 방법으로 연결하세요.

1			2
4			

1			2
4			

Step 2 1부터 4까지의 숫자를 조건에 맞게 연결하세요.

1			2
4			
		3	

Step 1 먼저 숫자 1과 2를 연결하는 방법을 생각해봅니다.

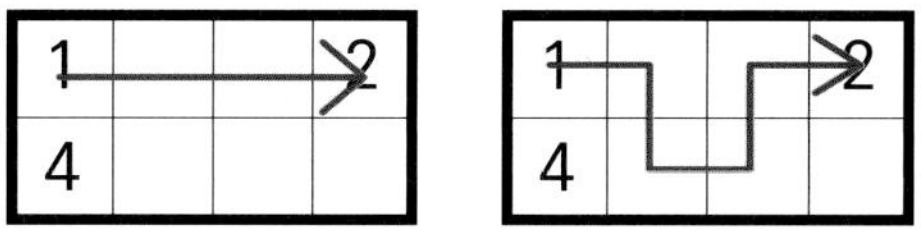

Step 2 그 다음 모든 칸을 한 번씩 지나도록 이어서 숫자 3과 4를 연결합니다.

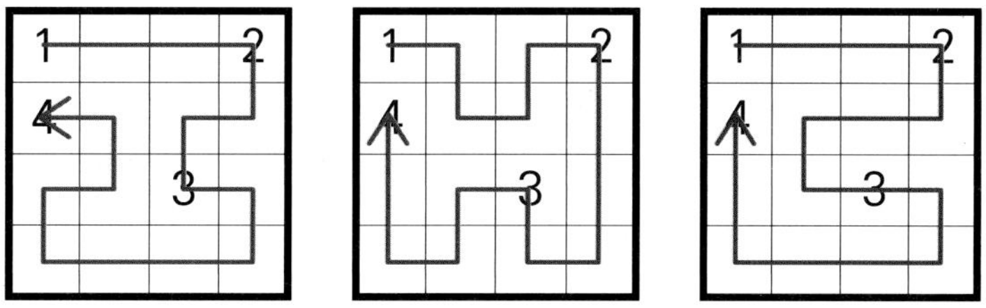

이 외에도 여러 가지 방법으로 조건에 맞게 네 개의 숫자를 연결할 수 있습니다.

확인하기

☆모양에서 시작해서 ▲모양에서 끝나도록 ☆ → ♥ → ● → ▲ 순으로 네 개의 모양을 연결하려고 합니다. 모든 칸을 한 번씩 지나도록 네 개의 모양을 연결하세요. (단, 대각선 방향으로는 연결하지 않습니다.)

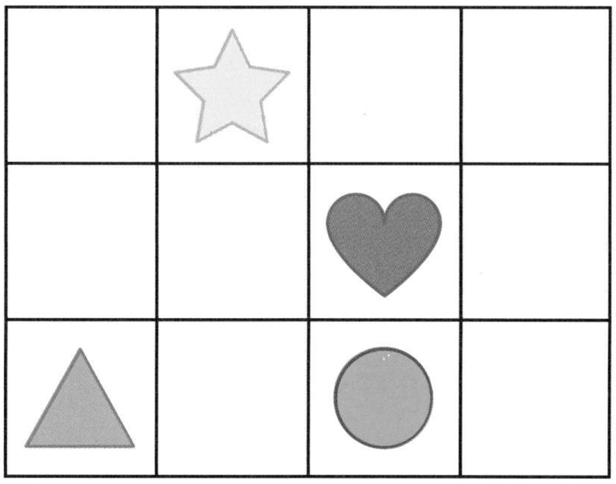

2 단계 . 퍼즐 완성하기

Step 1 각 빨간색 빈칸에 들어갈 알맞은 도형을 그려 보세요.

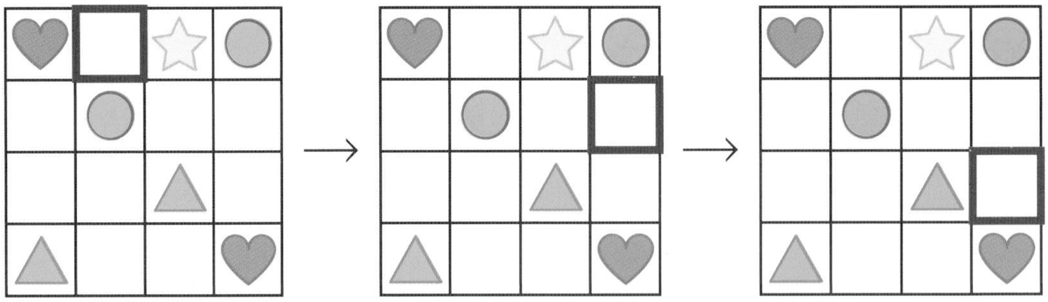

Step 2 그 다음으로 빨간색 빈칸에는 무슨 도형이 들어 갈지 생각하고, 나머지 빈칸을 모두 채워 퍼즐을 완성하세요.

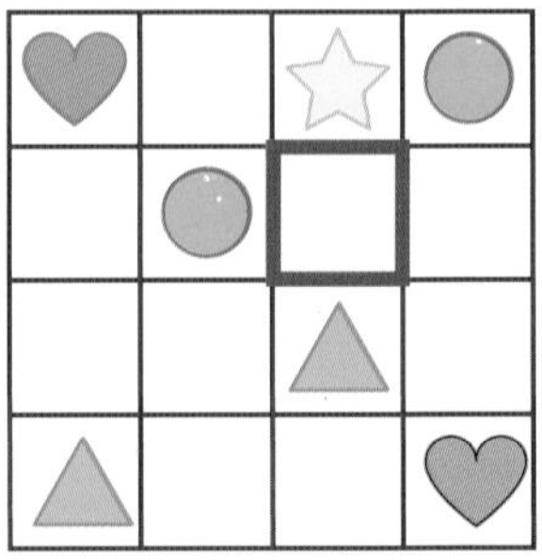

Step 1 다음과 같이 빨간색 빈칸을 채울 수 있습니다.

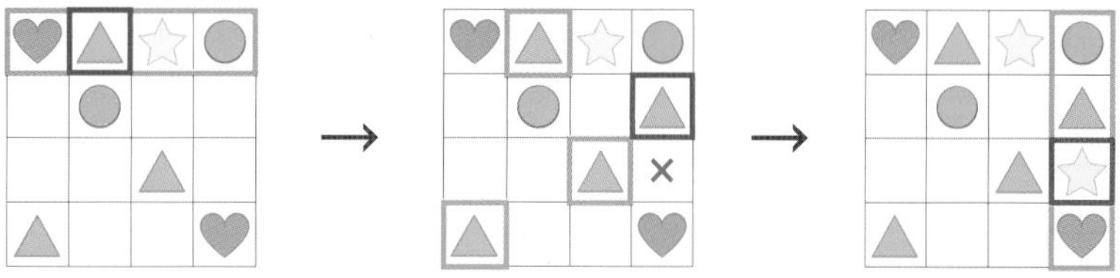

첫 번째 가로줄에는 ♥, ☆, ● 모양이 이미 있으므로 빨간색 빈칸에 들어갈 알맞은 모양은 ▲ 입니다.

각 가로줄과 세로줄에 ▲ 모양이 한 개씩이므로 빨간색 빈칸에 들어갈 알맞은 모양은 ▲ 입니다.

네 번째 세로줄에는 ♥, ▲, ● 모양이 이미 있으므로 빨간색 빈칸에 들어갈 알맞은 모양은 ☆ 입니다.

Step 2 다음과 같이 빨간색 빈칸을 채우고 퍼즐을 완성할 수 있습니다.

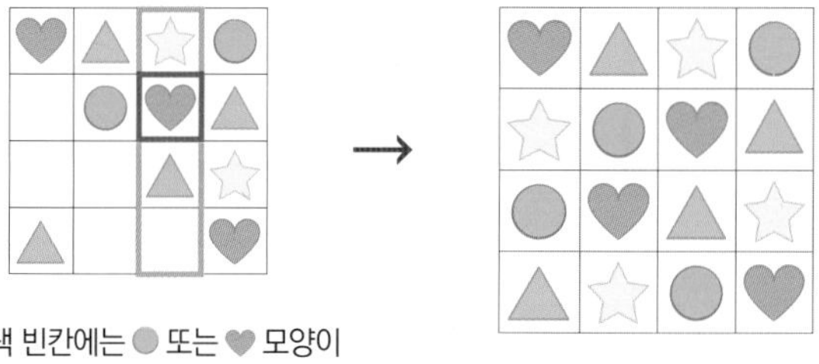

빨간색 빈칸에는 ● 또는 ♥ 모양이 들어갈 수 있습니다. 그러나 바로 왼쪽 칸에 ● 모양이 이미 있으므로 빨간색 빈칸에 들어갈 알맞은 모양은 ♥ 입니다.

〈완성된 퍼즐〉

확인하기 퍼즐을 한 조각마다 1, 2, 3, 4의 숫자가 하나씩 들어가도록 네 조각으로 나누세요.

1	2	4	3
3	4	1	2
2	1	1	4
3	3	4	2

6 연습문제

01

아래 노노그램 퍼즐의 ○ 안에 적힌 수는 그 줄에 연속해서 색칠된 칸의 개수를 나타냅니다. ○ 의 수만큼 각 칸을 알맞게 색칠해 노노그램 퍼즐을 완성하세요.

	①	③	③	②
②				
④				
②				
①				

02

숫자 1에서 시작하여 숫자 5에서 끝나도록 1→ 2→ 3→ 4→ 5순으로 다섯 개의 숫자를 연결하려고 합니다. 모든 칸을 한 번씩 지나도록 다섯 개의 숫자를 연결하세요. (단, 대각선 방향으로는 연결하지 않습니다.)

5			1
	4		
			2
	3		

03 길을 따라 왼쪽에서 오른쪽 방향으로 이동하는데 다른 길을 만나면 반드시 방향을 꺾어야만 합니다. ①, ②, ③, ④ 네 개의 출발점 중 어느 지점에서 출발하면 아래 표시된 위치에 도착할 수 있을까요?

①
②
③
④

→ 도착점

04 다음 규칙을 보고 스도쿠 퍼즐을 완성하세요.

(1) 1, 2, 3 세 개의 숫자를 각 가로줄과 세로줄에 한 번씩만 들어가도록 적습니다.

(2) 각 가로줄과 세로줄에는 같은 숫자가 두 번 이상 들어가지 않습니다.

	3	
		2

05 16칸으로 이루어진 퍼즐을 여러 개의 사각형으로 나누려고 합니다. 각 칸에 적힌 숫자는 그 칸을 포함하는 사각형의 칸 수를 나타낼 때, 퍼즐을 여러 개의 사각형으로 나누세요.

		3	
	2		
3			4
	4		

06 모든 칸을 한 번씩만 지나도록 같은 모양들끼리 선으로 연결하세요.

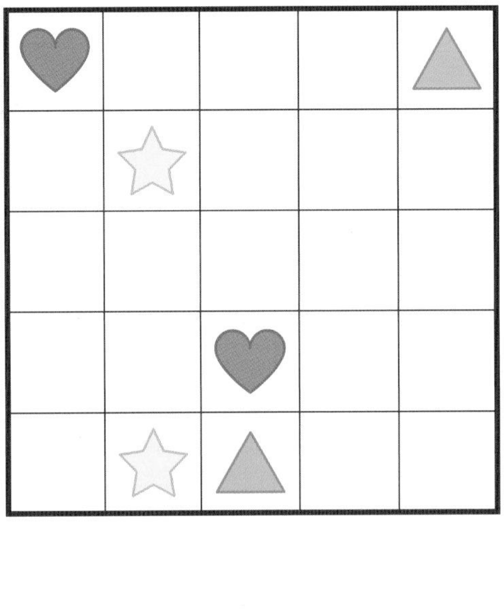

07

각 칸 안에 그려져 있는 화살표는 이동 방향을, 안에 적혀 있는 숫자는 이동하는 칸의 개수를 나타냅니다. 출발점에서 도착점까지 이동할 때, 물음표 안에 들어갈 알맞은 화살표의 방향과 숫자를 구하세요.

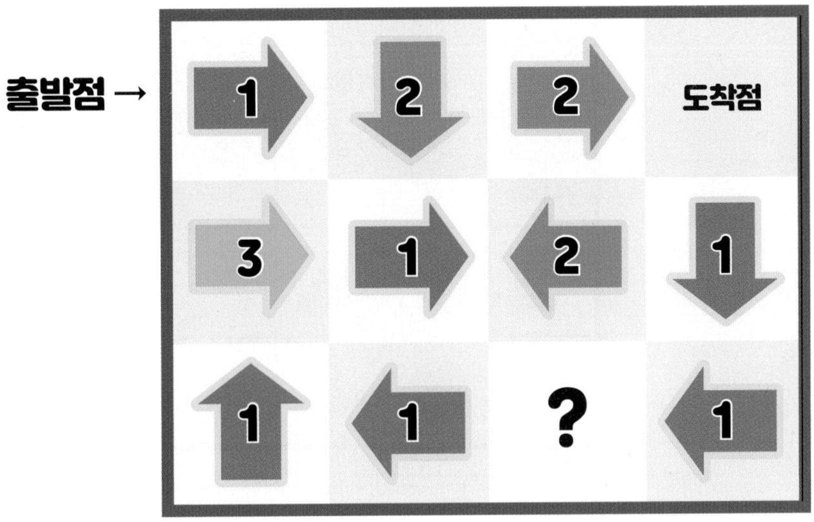

08

아래 노노그램 퍼즐의 ○ 안에 적힌 수는 그 줄에 연속해서 색칠된 칸의 개수를 나타냅니다. ○ 의 수만큼 각 칸을 알맞게 색칠해 노노그램 퍼즐을 서로 다른 두 가지 방법으로 완성하세요.

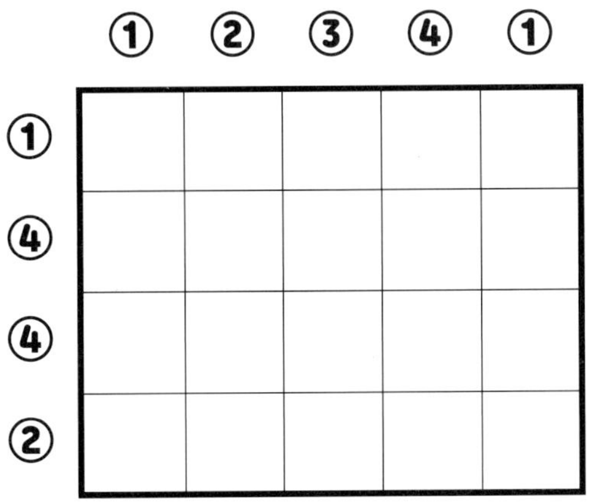

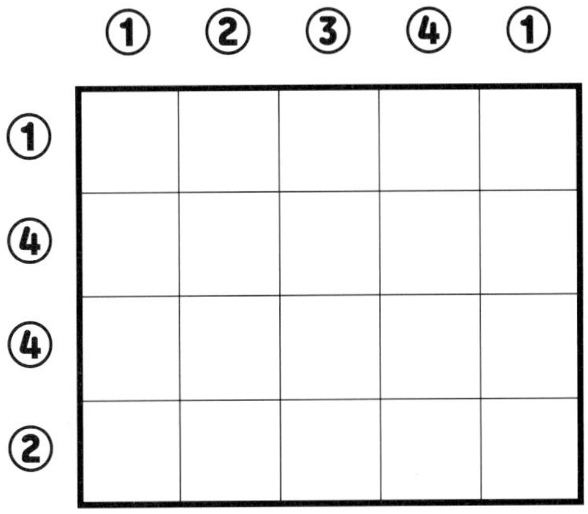

09 퍼즐을 한 조각마다 ♥, ☆, ◆, △, ○ 모양이 하나씩 들어가도록 똑같은 모양의 네 조각으로 나누세요.

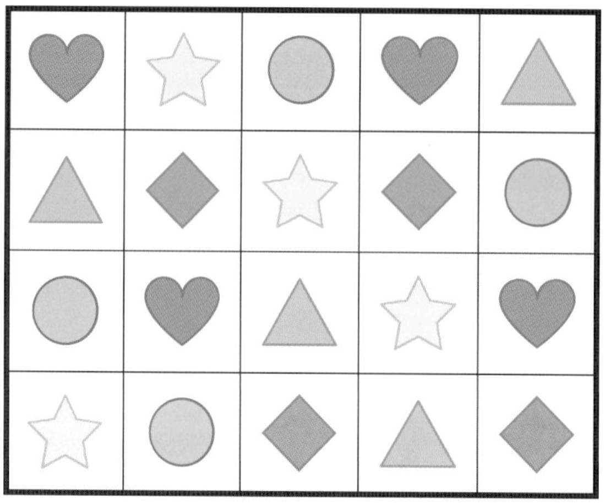

10 각 가로줄, 세로줄, 굵은선으로 나뉘어진 사각형 안에 1, 2, 3, 4 네 개의 숫자가 한 번씩만 들어가도록 스도쿠 퍼즐을 완성하세요.

2		1	
		3	
			1
	4	2	

11 알파벳 A에서 시작하여 알파벳 F에서 끝나도록 A→B→C→D→E→F 순으로 여섯 개의 알파벳을 연결하려고 합니다. 모든 칸을 한 번씩 지나도록 여섯 개의 알파벳을 연결하세요. (단, 대각선 방향으로는 연결하지 않습니다.)

		B		
A			C	
F				
		E		D

12 1부터 9까지의 숫자를 끊기지 않고 한 번에 이을 수 있는 방법은 모두 몇 가지일까요? (단, 대각선 방향으로는 연결하지 않습니다.)

2	4	5	6	9
2	3	5	7	8
1	2	4	7	8
1	2	3	6	9
3	3	4	5	6

6 심화문제

01 아래 퍼즐에는 폭탄이 숨겨져 있는 한 개의 칸이 있습니다. 아래 규칙에 맞게 퍼즐을 여러 개의 사각형으로 나누고, 폭탄이 숨겨져 있는 칸을 찾아 색칠하세요.

> (1) 각 칸에 쓰여 있는 숫자는 그 칸을 포함하는 사각형이 몇 칸으로 이루어져 있는지를 나타냅니다.
>
> (2) 퍼즐을 조건에 맞게 나눈 후 남는 한 칸이 폭탄이 있는 곳입니다.

			5	
	2			
4				4
		3		
	4			2

02 아래 노노그램 퍼즐의 ○ 안에 적힌 수는 그 줄에 연속해서 색칠된 칸의 개수를 나타냅니다. ○ 의 수만큼 각 칸을 알맞게 색칠해 노노그램 퍼즐을 완성하세요.

	①	②	④	⑤	⑤	③
②						
④						
⑥						
⑤						
②						
①						

03

아래 퍼즐에는 여러 개의 모음과 자음이 놓여 있습니다. 모음과 자음을 순서대로 연결하여 단어를 만들 때, 모든 칸을 한 번씩 지나도록 연결하고 이때 만들어지는 단어는 무엇인지 이야기하세요. (단, 대각선 방향으로는 연결하지 않습니다.)

		ㅅ		
			ㅏ	
ㅗ				
		ㄴ		ㄱ
		ㅣ		

04

길을 따라 왼쪽에서 오른쪽 방향으로 이동하는데 다른 길을 만나면 반드시 방향을 꺾어야만 합니다. 출발점과 도착점이 다음과 같을 때, 가려서 보이지 않는 부분을 완성해 출발점과 도착점을 알맞게 연결하세요.

01 토끼는 호랑이 굴을 지나 당근 마을로 가려고 합니다. 두꺼운 벽으로 막혀 있는 길로 가면 호랑이와 마주치지 않고, 두꺼운 벽으로 막혀 있지 않으면 호랑이에게 잡아먹힌다고 합니다. 토끼가 무사히 당근 마을로 갈 수 있는 길을 그리세요.

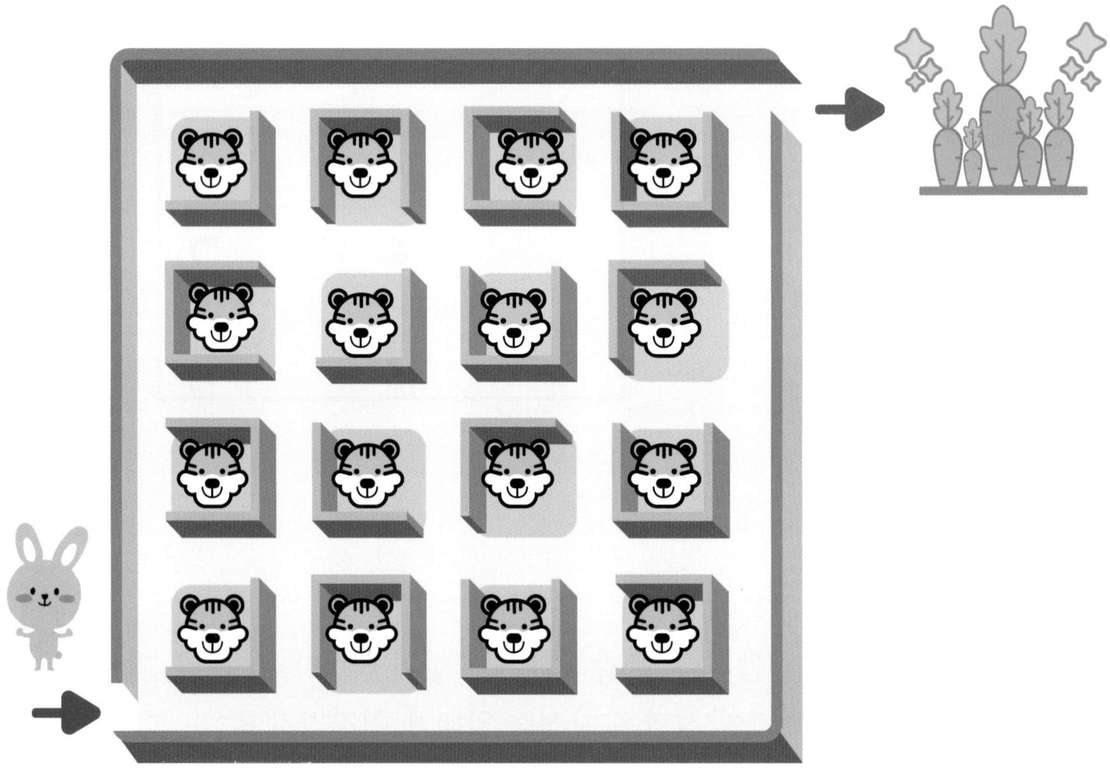

02
창의융합문제

아래와 같이 퍼즐 조각이 여러 개씩 있습니다. 이 퍼즐 조각들을 이용해 여러 가지 방법으로 꽃게 퍼즐을 완성해보고, 어느 경우에도 사용되지 않는 퍼즐 조각에 ○ 표시하세요. (단, 조각을 돌리거나 뒤집어서 사용해도 됩니다.)

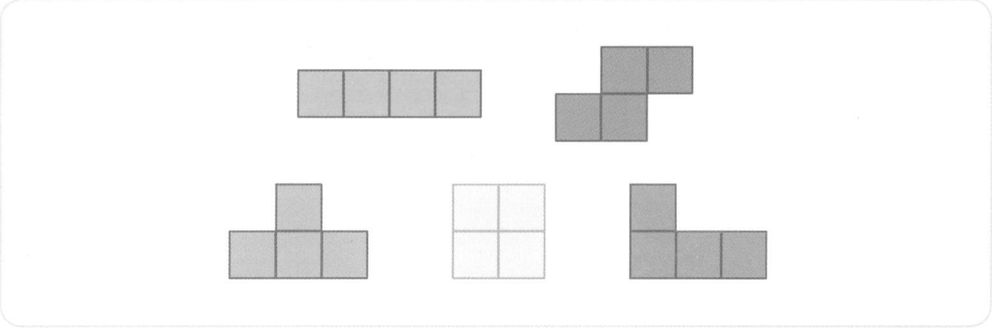

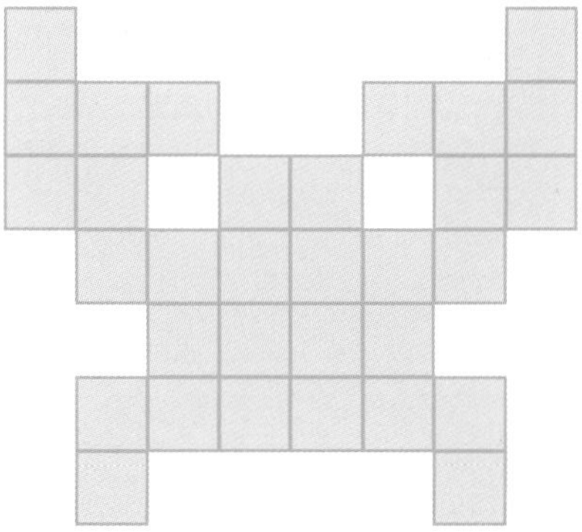

베트남에서 여섯째 날 모든 문제 끝~!
친구들과 함께한 베트남에서의 수학여행을 마친 소감은 어떤가요?

MEMO

영재들의 수학여행

Math Travel

무한상상

창의영재수학

아이앤아이

정답 및 풀이

입문
초등 1~3학년

F 문제해결력
베트남편

무한상상

Imagine Infinite!

창의영재수학

아이앤아이

정답 및 풀이

입문
초등 1~3학년

F 문제해결력
베트남편

1. 문제 만들기

대표문제 확인하기 1 ······································ P. 13

[정답] 풀이 과정 참조

[풀이 과정]

1) 올바르게 연결하면 다음과 같습니다.

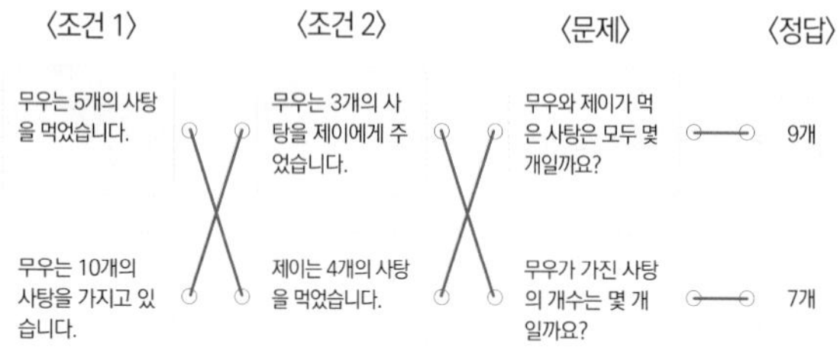

대표문제 확인하기 2 ······································ P. 13

[정답] 풀이 과정 참조

[풀이 과정]

(1) 지난주 수학 시험 결과 무우는 90점을 맞았고 상상이는 무우의 점수보다 5점이 더 ~~높은~~ 85점을 맞았습니다.
낮은

(2) 무우는 초콜릿을 10개, 제이는 초콜릿을 8개 먹었습니다. 무우와 제이가 먹은 초콜릿 개수의 ~~차는~~ 18개입니다.
합은

대표문제 확인하기 ······································ P. 15

[정답] 풀이 과정 참조

[풀이 과정]

(1) 문제 : 무우와 상상이가 간 후 책장에 꽂힌 과학책은 몇 권일까요?

사용된 식 : 5 - 2 + 1

→ 책장에는 원래 5권의 과학책이 있었지만 무우가 2권을 가져가고 상상이가 1권을 다시 꽂아 놓았으므로 책장에는 5 - 2 + 1 = 4권의 과학책이 있습니다.

(2) 문제 : 무우와 상상이가 간 후 책장에 꽂힌 책은 모두 몇 권일까요?

정답 : 13권

→ 원래 4 + 5 + 3 = 12권의 책이 있었는데 무우가 2권을 가져가고, 상상이가 3권을 꽂아 놓았으므로 12 - 2 + 3 = 13권의 책이 있습니다.

연습문제 01 ······································ P. 16

[정답] 풀이 과정 참조

[풀이 과정]

(1) 잃어버린 오리는 몇 마리일까요? (×)

→ 오리를 몇 마리 잃어버렸는지는 알 수 없습니다.

(2) 현재 농장에 있는 동물은 총 몇 마리일까요? (24마리)

→ 8 + 13 + 6 - 5 + 2 = 24마리

(3) 원래 농장에 있던 오리의 다리 수를 모두 더하면 얼마일까요? (12개)

→ 오리의 다리는 2개이므로 2 × 6 = 12개입니다.

(4) 현재 농장에 있는 닭은 몇 마리일까요? (×)

→ 닭을 몇 마리 잃어버렸는지 알 수 없습니다.

연습문제 02 ······································ P. 16

[정답] 풀이 과정 참조

[풀이 과정]

1) 동생은 나보다 3살이 어리므로 동생의 나이는 9 - 3 = 6살입니다. 이를 이용해 먼저 첫 번째 빈칸에 6을 채우고, 나머지 빈칸을 알맞게 채웁니다.

나의 나이는 9살입니다. 내 동생의 나이는 [6] 살이고, 내 언니의 나이는 [13] 살입니다. 동생은 저보다 3살이 어리고, 언니는 저보다 [4] 살이 더 많습니다. 저희 엄마는 38살이시고 저희 셋의 나이를 합한 것보다 [10] 살이 더 많습니다.

연습문제 03 ······································ P. 17

[정답] 풀이 과정 참조

[풀이 과정]

1) 문제 : 수박과 딸기의 개수의 합에서 사과의 개수를 빼면 몇 개일까요?

정답 : 4개

→ 수박과 딸기의 개수의 합 3 + 8 = 11에서 사과의 개수 7을 빼면 11 - 7 = 4개입니다.

연습문제 **04** ············ P. 17

[정답] 풀이 과정 참조

[풀이 과정]

1) $10+5-2$

예시 정답 1) 상상이는 레몬맛 젤리 10개와 딸기맛 젤리 5개를 가지고 있습니다. 이 중 딸기맛 젤리 2개를 제이에게 나누어 주고 나머지를 모두 먹었을때, 상상이가 먹은 젤리는 모두 몇 개일까요?

예시 정답 2) 방송부에는 원래 10명의 친구들이 있었는데 새학기가 되면서 5명의 친구들이 새로 들어오고, 2명의 친구들이 졸업을 해서 나갔습니다. 현재 방송부 친구들은 모두 몇 명일까요?

연습문제 **05** ············ P. 18

[정답] 풀이 과정 참조

[풀이 과정]

1) 내린 사람 중 어린이는 몇 명일까요?

→ 어린이 2명이 탔지만 어린이의 인원수는 5명으로 동일하므로 똑같이 어린이 2명이 내린 것을 알 수 있습니다.

현재 버스에 타고 있는 어른은 몇 명일까요?

→ 내린 사람 5명 중 2명이 어린이이므로 내린 사람 중 어른은 3명입니다. 따라서 현재 버스에 타고 있는 어른은 13 − 3 = 10명입니다.

현재 버스에 타고 있는 사람은 총 몇 명일까요?

→ 어른 10명과 어린이 5명이 타고 있으므로 총 10 + 5 = 15명입니다.

이를 올바르게 연결하면 다음과 같습니다.

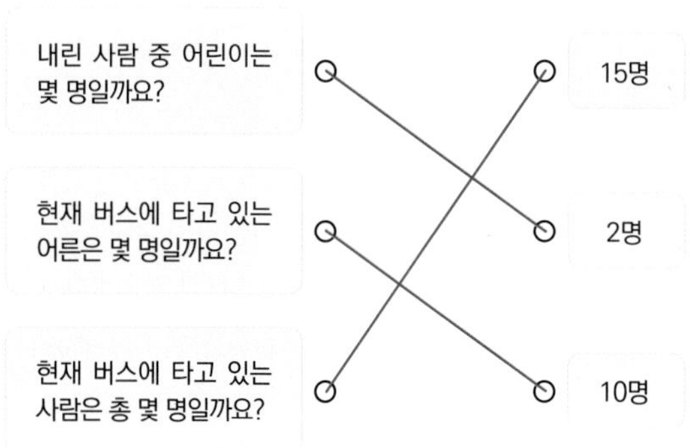

연습문제 **06** ············ P. 18

[정답] 풀이 과정 참조

[풀이 과정]

(1) 무우의 키는 148cm이고, 상상이의 키는 145cm입니다. 무우와 상상이 키의 ~~합은~~ 차는 3cm입니다.

(2) 알알이는 15개의 구슬을 가지고 있고 제이는 알알이보다 7개 더 많은 구슬을 가지고 있습니다. ~~둘이~~ 제이가 가진 구슬의 개수는 총 22개입니다.

(3) 제이는 8개의 풍선을 가지고 있었습니다. 3개의 풍선을 친구에게 ~~주어서~~ 받아서 현재는 총 11개의 풍선을 가지고 있습니다.

연습문제 **07** ············ P. 19

[정답] 풀이 과정 참조

[풀이 과정]

(1) 문제 : 두 바구니에 담긴 꽃은 모두 몇 송이일까요?

정답 : 17

→ (3 + 4 + 1) + (3 + 2 + 4) = 8 + 9 = 17송이

(2) 문제 : 오른쪽 바구니에 담긴 꽃들의 꽃잎은 모두 몇 개일까요?

정답 : 36

→ 총 3 + 2 + 4 = 9송이이고, 한 송이당 꽃잎이 4개씩 있으므로 4 × 9 = 36개입니다.

(3) 문제 : 두 바구니에 담긴 하늘색 꽃들의 꽃잎은 모두 몇 개일까요?

사용된 식 : (5 × 3) + (4 × 3)

→ 하늘색 꽃 중 꽃잎이 5개인 것과 4개인 것이 각각 3송이씩 있으므로 위와 같은 식을 세울 수 있고, 꽃잎의 개수는 총 15 + 12 = 27개입니다.

1 정답 및 풀이

연습문제 08 ······ P. 20

[정답] 풀이 과정 참조

[풀이 과정]

(1) 체육대회에서 이어달리기에 참여한 학생은 모두 20명입니다.
예시) 이어달리기에 참여한 학생 20명 중 12명은 남학생입니다.
이어달리기에 참여한 여학생은 몇 명일까요? → 8명

(2) 아버지와 어머니는 동갑이고, 삼촌은 그보다 3살이 어립니다.
예시) 아버지와 어머니의 나이는 38살입니다.
삼촌의 나이는 몇 살일까요? → 35살

(3) 제이네 반에서는 12명의 친구들이 수학 경시대회에 참가합니다.
예시) 제이네 반 친구들의 인원수는 30명입니다.
제이네 반에서 수학 경시대회에 참가하지 않는 친구는 몇 명일까요? → 18명

연습문제 09 ······ P. 20

[정답] 풀이 과정 참조

[풀이 과정]

(1) $36 + 9 - 6$ ⟶ 아빠의 나이

(2) $36 + 9 - 6 + 9$ ⟶ 삼촌의 나이

(3) $39 - 36 = 9 - 6$ ⟶ 아빠와 엄마의 나이 차이와 나와 동생의 나이 차이는 같습니다.

연습문제 10 ······ P. 21

[정답] 풀이 과정 참조

[풀이 과정]

1) AB형인 친구들이 3명이고 O형인 친구들은 이보다 6명이 더 많으므로 9명입니다. 그러므로 AB형과 O형인 친구 수의 합은 9 + 3 = 12명이고, A형과 B형인 친구들은 각 6명인 것을 알 수 있습니다. 이를 이용해 보기의 빈칸을 알맞게 채울 수 있습니다.

> 무우네 반 친구들 [24] 명 중에서 혈액형이 AB형인 친구들은 O형인 친구들 [9] 명보다 6명이 적은 3명입니다. 또한 혈액형이 A형과 B형인 친구들은 각 [6] 명으로 인원수가 서로 같고, 혈액형이 A형과 B형인 친구 수의 합과 O형과 AB형인 친구 수의 합은 같습니다.

연습문제 11 ······ P. 21

[정답] 풀이 과정 참조

[풀이 과정]

(1) 문제 : 닭장에 살고 있는 동물들의 다리 수의 합은 얼마일까요?

사용된 식 : (2 × 3) + (2 × 9)

→ 닭과 오리의 다리는 2개입니다. 오리는 3마리 닭은 9마리가 살고 있으므로 위와 같은 식을 세울 수 있고, 다리 수의 합은 총 6 + 18 = 24개입니다.

(2) 문제 : 외양간에 살고 있는 젖소는 모두 몇 마리일까요?

사용된 식 : 3 + (3 × 3) - 5

→ 외양간에 살고 있는 동물은 닭장에 살고 있는 동물의 수와 같으므로 3 + 9 = 12마리이고, 젖소는 12마리에서 황소 5마리를 뺀 12 - 5 = 7마리입니다.

이 외에도 (2) 문제 : 닭장 안에 살고 있는 동물은 황소보다 몇 마리 더 많을까요? 문제를 만들 수 있습니다.

심화문제 01 ······ P. 22

[정답] 풀이 과정 참조

[풀이 과정]

(1) 문제 : 내가 구운 쿠키의 개수는 총 몇 개일까요?

사용된 식 : (6 × 7) + 4

→ 6개씩 총 7번을 굽고 남은 반죽으로는 4개의 쿠키를 더 구웠으므로 총 42 + 4 = 46개의 쿠키를 구웠습니다.

(2) 문제 : 남은 쿠키 중 먹을 수 있는 쿠키의 개수는 모두 몇 개일까요?

정답 : 39개

→ 46개의 쿠키 중 3개는 타서 못 먹고, 4개는 동생이 가져갔으므로 먹을 수 있는 쿠키는 총 46 - 3 - 4 = 39개입니다.

심화문제 02 ······ P. 23

[정답] 풀이 과정 참조

[풀이 과정]

(1) 문제 : 거스름돈을 남기지 않고 심부름을 하는 방법은 무엇일까요?

사용된 식 : 1,800 + 1,300 + 1,900

→ 1,800원짜리 두부 한 개, 1,300원짜리 우유 한 개, 1,900원짜리 우유 한 개를 사는 경우 1,800 + 1,300 + 1,900 = 5,000원으로 거스름돈을 남기지 않고 심부름을 할 수 있습니다.

(2) 문제 : 거스름돈을 가장 많이 남게 심부름을 할 때, 거스름돈은 얼마일까요?

정답 : 2,600원

→ 1,100원짜리 두부 한 개와 1,300원짜리 우유 한 개를 사는 경우 5,000 - 1,100 - 1,300 = 2,600원으로 가장 많은 거스름돈을 남길 수 있습니다.

(3) 문제 : 5,000원으로 두부와 우유를 최대한 많이 산다면 그 개수는 몇 개일까요?

정답 : 4개

→ 1,100원짜리 두부 세 개와 1,300원짜리 우유 한 개를 사면 (1,100 × 3) + 1,300 = 4,600원으로 5,000원을 넘지 않습니다. 이 외에도 1,100원짜리 두부 두 개와 1,300원짜리 우유 두 개를 사도 5,000원을 넘지 않습니다. 따라서 최대 네 개를 살 수 있습니다.

심화문제 03 P. 24

[정답] 풀이 과정 참조

[풀이 과정]

1) 무우는 하늘색 양초 21개에 불을 붙였는데 현재 불이 붙어 있는 양초의 개수가 18개이므로 바람 때문에 3개의 불이 꺼진 것을 알 수 있습니다.
2) 상상이는 분홍색 양초에 모두 불을 붙였는데 바람 때문에 6개의 불이 꺼지고, 현재 불이 붙어 있는 양초의 개수가 18개이므로 분홍색 양초는 24개인 것을 알 수 있습니다.
3) 하늘색 양초는 분홍색 양초보다 3개가 더 많으므로 27개입니다. 이를 이용해 빈칸을 알맞게 채울 수 있습니다.

무우는 하늘색 양초 [27] 개 중에서 21개에 불을 붙였는데, 바람때문에 [3] 개의 불이 꺼졌습니다. 상상이는 모두 [24] 개인 분홍색 양초에 불을 붙였는데 바람때문에 6개의 불이 꺼졌습니다. 하늘색 양초는 분홍색 양초보다 3개 더 많으며 현재 불이 붙어 있는 양초의 개수는 각 18개로 서로 같습니다.

심화문제 04 P. 25

[정답] 풀이 과정 참조

[풀이 과정]

1) 상상이가 심은 씨앗은 총 15 + 6 = 21개입니다.
2) 상상이가 심은 씨앗 중 싹이 트지 못한 씨앗은 총 6 + 2 = 8개입니다.
3) 현재 텃밭에서 싹이 튼 곳은 총 9 + 4 = 13개입니다. 이를 올바르게 연결하면 다음과 같습니다.

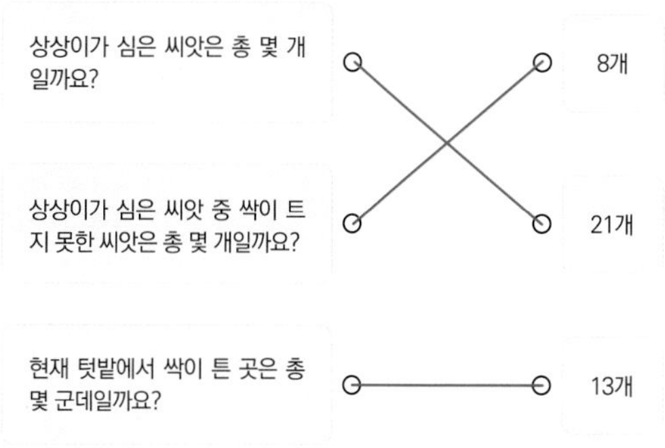

창의적문제해결수학 01 P. 26

[정답] 풀이 과정 참조

[풀이 과정]

1) 내용에 따르면 투표에 참여한 동물들은 모두 21마리이고, 사슴의 득표수는 호랑이의 득표수의 두 배이며 원숭이의 득표수보다는 한 표 적은 것을 알 수 있습니다.
호랑이의 득표수를 기준으로 경우를 나누어 위 조건을 만족하는 경우를 찾습니다.
ⅰ. 호랑이의 득표수가 5표일 때
사슴의 득표수 : 5 × 2 = 10표
원숭이의 득표수 : 10 + 1 = 11표
이 경우 동물들은 총 5 + 10 + 11 = 26마리로 21마리보다 많습니다.
ⅱ. 호랑이의 득표수가 4표일 때
사슴의 득표수 : 4 × 2 = 8표
원숭이의 득표수 : 8 + 1 = 9표
이 경우 동물들은 총 4 + 8 + 9 = 21마리로 정답의 경우와 같습니다.
이를 이용해 빈칸을 알맞게 채울 수 있습니다.

산 속 마을의 대장을 뽑기 위해 21마리의 동물들이 모두 투표에 참여했습니다. 후보로 나온 호랑이, 사슴, 원숭이는 떨리는 마음으로 투표 결과를 기다리고 있습니다. 호랑이의 득표수는 셋 중 가장 적은 [4] 표, 사슴의 득표수는 호랑이의 두 배인 [8] 표, 원숭이의 득표수는 셋 중 가장 많은 [9] 표로 원숭이가 산 속 마을의 대장이 되었습니다. 사슴은 원숭이와 한 표 차이로 아쉽게 대장을 놓쳐 슬퍼했으며, 꼴지를 한 호랑이는 씩씩거리며 가장 먼저 자리를 떠났습니다.

창의적문제해결수학 02 P. 27

[정답] 풀이 과정 참조

[풀이 과정]

1) 제이가 낸 문제를 보면 친구들의 방 위층에는 32개의 방이 있으므로 위에 4개의 층이 더 있습니다. 또한 같은 층의 왼쪽에는 6개의 방이 있으므로 친구들의 방은 7번째 방에 있습니다. 따라서 친구들의 방이 몇 층의 몇 번째 방인지 알기 위해 '몇 층'인지에 대한 정보가 필요합니다.

(1) 조건을 추가하여 문제를 올바르게 고치기
: 숙소가 총 몇 층짜리 건물인지 숙소의 층에 대한 정보

→ 친구들의 방 위에는 4개의 층이 더 있다는 것을 알고 있기 때문에 숙소가 총 몇 층짜리 건물인지 알면 친구들의 방이 몇 층인지 알 수 있습니다.

(2) 조건을 바꿔서 문제를 올바르게 고치기 (단, 숫자는 바꾸지 않습니다.)
: 우리보다 위층에는 32개의 방 → 우리보다 아래층에는 32개의 방

→ 친구들의 방이 몇 층인지 알기 위해 친구들의 방 '위층'이 아닌 '아래층'에 몇 개의 방이 있는지를 알아야 합니다. 따라서 위와 같이 조건을 바꾸면 친구들의 방이 5층인 것을 알 수 있습니다.

2. 주고 받기

대표문제 확인하기 1 P. 33

[정답] 형 - 13개, 동생 - 3개

[풀이 과정]

1) 형은 동생에게 5개의 동전을 주고 8개가 되었으므로 원래 8 + 5 = 13개의 동전을 가지고 있었습니다.

2) 동생은 형에게 5개의 동전을 받고 8개가 되었으므로 원래 8 - 5 = 3개의 동전을 가지고 있었습니다.

대표문제 확인하기 2 P. 33

[정답] 무우 - 12개, 상상 - 8개

[풀이 과정]

1) 무우가 상상이에게 3개의 구슬을 주고, 다시 상상이가 무우에게 1개의 구슬을 주었으므로 결국 무우가 상상이에게 2개의 구슬을 준 것과 같습니다.

2) 무우가 상상이에게 2개의 구슬을 주었더니 둘이 가진 구슬의 개수가 10개로 같으므로 원래 무우는 10 + 2 = 12개, 상상이는 10 - 2 = 8개의 구슬을 가지고 있었습니다.

대표문제 확인하기 1 P. 35

[정답] 형 - 13개, 동생 - 7개

[풀이 과정]

1) 먼저 20개의 쿠키 중 형이 더 받게 될 6개의 쿠키를 빼면 20 - 6 = 14개입니다.

2) 14개의 쿠키를 형과 동생이 7개씩 똑같이 나누어 가지고, 미리 빼둔 6개의 쿠키를 형이 가지면 됩니다. 따라서 동생은 7개의 쿠키를, 형은 7 + 6 = 13개의 쿠키를 받게 됩니다.

대표문제 확인하기 2 ······························ P. 35

[정답] 첫 번째 - 5개, 두 번째 - 5개, 세 번째 - 8개

[풀이 과정]

1) 먼저 세 번째 통에 더 담을 세 개의 구슬을 빼면 18 - 3 = 15개입니다.

2) 15개의 구슬을 세 개의 통에 다섯 개씩 똑같이 나누어 담고, 미리 빼둔 3개의 구슬을 세 번째 통에 더 담으면 됩니다. 따라서 무우는 첫 번째와 두 번째 통에는 각 5개의 구슬을, 세 번째 통에는 8개의 구슬을 담아야 합니다.

연습문제 01 ······························ P. 36

[정답] 제이 - 7권, 알알 - 5권

[풀이 과정]

1) 15권의 공책 중 3권의 공책은 무우가 사용하므로 15 - 3 = 12권의 공책을 알알이와 제이에게 나누어 주게 됩니다.

2) 먼저 12권의 공책에서 제이가 더 받게 될 2권의 공책을 빼면 12 - 2 = 10권입니다.

3) 10권의 공책을 제이와 알알이가 5권씩 똑같이 나누어 가지고, 미리 빼둔 2권의 공책을 제이가 가지면 됩니다. 따라서 제이는 5 + 2 = 7권의 공책을, 알알이는 5권의 공책을 가지게 됩니다

연습문제 02 ······························ P. 36

[정답] ㉠병 - 11개, ㉡병 - 5개

[풀이 과정]

1) ㉠병에서 ㉡병으로 4개의 구슬을 옮기고, ㉡병에서 ㉠병으로 1개의 구슬을 옮겼으므로 결국 ㉠병에서 ㉡병으로 3개의 구슬을 옮긴 것과 같습니다.

2) ㉠병에서 ㉡병으로 3개의 구슬을 옮겼더니 두 병에 들어 있는 구슬의 개수가 8개로 같으므로 원래 ㉠병에는 8 + 3 = 11개, ㉡병에는 8 - 3 = 5개의 구슬이 있었습니다.

연습문제 03 ······························ P. 37

[정답] 12개

[풀이 과정]

1) 상상이가 가진 8개의 초콜릿 중 절반은 원래 가지고 있던 초콜릿이고 나머지 절반은 무우에게 받은 것입니다. 따라서 상상이가 원래 가지고 있던 초콜릿의 개수와 무우에게 받은 초콜릿의 개수는 4개로 같습니다.

2) 상상이에게 4개의 초콜릿을 준 뒤 무우가 가진 초콜릿은 8개가 되었으므로 무우가 원래 가지고 있던 초콜릿의 개수는 8 + 4 = 12개입니다.

연습문제 04 ······························ P. 37

[정답] A 상자 - 17개, B 상자 - 7개

[풀이 과정]

1) 24개의 사과를 두 상자에 똑같이 나누려면 한 상자에 12개의 사과를 담아야 합니다.

2) A 상자에 담긴 사과 5개를 B 상자로 옮겨 담았더니 두 상자에 담긴 사과의 개수가 12개로 똑같으므로 원래 A 상자에는 12 + 5 = 17개, B 상자에는 12 - 5 = 7개의 사과가 담겨져 있었습니다.

연습문제 05 ······························ P. 38

[정답] 무우 - 5개, 알알 - 3개, 제이 - 4개

[풀이 과정]

1) 무우는 제이보다 한 개 더 많은 젤리를, 제이는 알알이보다 한 개 더 많은 젤리를 먹었으므로 셋이서 12개의 젤리를 똑같이 나누어 가지고 알알이가 한 개의 젤리를 무우에게 주면 됩니다.

2) 12개의 젤리를 셋이서 4개씩 똑같이 나누어 가지고 알알이가 한 개의 젤리를 무우에게 준다면 알알이는 4 - 1 = 3개의 젤리를, 무우는 4 + 1 = 5개의 젤리를 먹게 됩니다.

3) 따라서 무우는 5개, 알알이는 3개, 제이는 4개의 젤리를 먹었습니다.

연습문제 06 P. 38

[정답] 3개

[풀이 과정]

1) 상상이에게는 제이에게 주고 남은 절반의 쿠키가 남아있고, 제이에게는 상상이가 준 절반과 원래 가지고 있던 쿠키가 남아있습니다.

2) 상상이가 1개의 쿠키를 먹고 제이가 4개의 쿠키를 먹었더니 둘이 가진 쿠키의 개수가 같으므로 제이가 원래 가지고 있던 쿠키의 개수는 4 - 1 = 3개입니다.

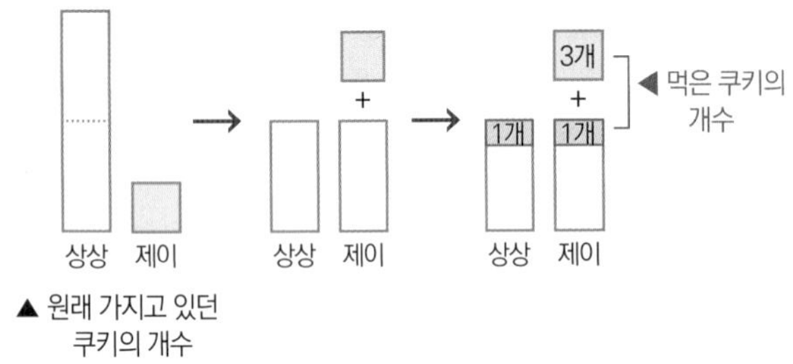

연습문제 07 P. 39

[정답] 무우 - 8개, 상상 - 5개, 알알 - 5개

[풀이 과정]

1) 18개의 딱지를 셋이서 똑같이 나누려면 한 명이 6개의 딱지를 가져야 합니다.

2) 무우가 상상이에게 두 개의 딱지를 주고, 상상이가 알알이에게 한 개의 딱지를 주었더니 세 명이 가진 딱지의 개수가 같아진 것을 이용해 각 친구들이 원래 가지고 있던 딱지의 개수를 구할 수 있습니다.

i. 무우(상상이에게 2개를 주었습니다.)
→ 6 + 2 = 8개

ii. 상상(무우에게 2개를 받고, 알알이에게 1개를 주었습니다.) → 6 - 2 + 1 = 5개

iii. 알알(상상이에게 1개를 받았습니다.) → 6 - 1 = 5개

3) 따라서 원래 무우는 8개, 상상이는 5개, 알알이는 5개의 딱지를 가지고 있었습니다.

연습문제 08 P. 39

[정답] 무우 - 20개, 상상 - 10개, 알알 - 4개

[풀이 과정]

1) 먼저 주어진 대화 중 정확한 정보를 얻을 수 있는 친구의 말부터 이용해 풀이합니다.

i. 알알 : 나는 네 개의 구슬을 가지고 있어!
→ 알알이가 가진 구슬의 개수는 4개입니다.

ii. 상상 : 내가 세 개의 구슬을 알알이에게 주면 우리 둘이 가진 구슬의 개수는 같아져!
→ 세 개의 구슬을 주었는데 둘이 가진 구슬의 개수가 같아진다는 것은, 둘이 가진 구슬의 차이가 6개라는 것입니다. 따라서 상상이가 가진 구슬의 개수는 알알이보다 6개 많은 4 + 6 = 10개입니다.

iii. 무우 : 내가 가진 구슬의 개수는 상상이의 두 배야!
→ 무우가 가진 구슬의 개수는 상상이의 두 배인 10 × 2 = 20개입니다.

2) 따라서 무우는 20개, 상상이는 10개, 알알이는 4개의 구슬을 가지고 있습니다.

연습문제 09 P. 40

[정답] 무우 - 14송이, 상상 - 7송이

[풀이 과정]

1) 먼저 무우가 상상이보다 3송이의 꽃을 더 가지도록 21송이의 꽃을 둘로 나누어 줍니다.

2) 21송이의 꽃에서 무우가 더 가지게 될 3송이의 꽃을 빼면 21 - 3 = 18송이입니다. 18송이의 꽃을 무우와 상상이가 9송이씩 똑같이 나누어 가지고, 미리 빼둔 3송이의 꽃을 무우가 가지면 무우는 9 + 3 = 12송이, 상상이는 9송이를 가지게 됩니다.

3) 무우가 상상이에게 2송이의 꽃을 주었더니 무우는 12송이, 상상이는 9송이의 꽃을 가지게 되므로 원래 무우는 12 + 2 = 14송이, 상상이는 9 - 2 = 7송이의 꽃을 가지고 있었습니다.

연습문제 10 P. 40

[정답] A 상자 - 9개, B 상자 - 9개, C 상자 - 7개

[풀이 과정]

1) 25개의 오렌지를 세 상자에 나누는데 한 상자에만 2개 적은 오렌지를 담는 것은, 그 한 상자에 비해 다른 두 상자에 2개씩 더 많은 오렌지를 담는 것입니다.

2) 25개의 오렌지에서 다른 두 상자에 2개씩 더 담을 오렌지 4개를 빼면 25 - 4 = 21개입니다. 21개의 오렌지를 A, B, C 세 상자에 7개씩 똑같이 나누어 담고, 미리 빼둔 4개의 오렌지를 A, B 상자에 2개씩 담으면 A 상자와 B 상자는 각 7 + 2 = 9개, C 상자에는 7개의 오렌지를 담게 됩니다.

연습문제 **11** ······ P. 41

[정답] 피구 → 농구 (3명), 피구 → 이어달리기 (2명)

[풀이 과정]

1) 먼저 반 친구들의 총 인원수를 구합니다.
→ 6 + 9 + 14 + 7 = 36명

2) 36명의 친구들을 4종목에 똑같이 나누려면 한 종목당 9명의 친구들이 참가해야 합니다. → 4 × 9 = 36명

3) 피구를 선택한 14명의 친구들 중 5명의 친구들이 각각 농구와 이어달리기 종목으로 이동하면 됩니다.

4) 6 + 3 = 9이므로 3명은 농구로, 7 + 2 = 9이므로 2명은 이어달리기로 이동하면 모든 종목이 9명으로 똑같아지게 됩니다.

연습문제 **12** ······ P. 41

[정답] A - 13kg, B - 6kg, C - 5kg

[풀이 과정]

1) A 창고에서 B 창고로 5kg의 치즈를 옮기고, B 창고에서 C 창고로 3kg의 치즈를 옮겼더니 세 창고에 있는 치즈의 양이 8kg으로 같아진 것을 이용해 각 창고에 원래 있던 치즈의 양을 구할 수 있습니다.

   i. A 창고 (B 창고로 5kg를 옮겼습니다.)
   → 8 + 5 = 13kg

   ii. B 창고 (A 창고에서 5kg을 받고, C 창고로 3kg를 옮겼습니다.) → 8 - 5 + 3 = 6kg

   iii. C 창고 (B 창고에서 3kg을 받았습니다.)
   → 8 - 3 = 5kg

2) 따라서 원래 A 창고에는 13kg, B 창고에는 6kg, C 창고에는 5kg의 치즈가 있었습니다.

심화문제 **01** ······ P. 42

[정답] A - 9개, B - 21개

[풀이 과정]

1) 원래 A, B 두 바구니에는 총 30개의 빵이 있었는데 새로 구운 빵 8개를 더 담고, 4개의 빵을 판매했으므로 총 빵의 개수는 30 + 8 - 4 = 34개입니다.

2) 34개의 빵을 두 바구니에 똑같이 나누려면 한 바구니에 17개의 빵을 담아야 합니다.
A 바구니에 새로 구운 빵 8개를 넣고, B 바구니에서 4개의 빵을 꺼내 판매하였더니 두 바구니에 있는 빵의 개수가 17개로 같으므로 원래 A 바구니에는 17 - 8 = 9개, B 바구니에는 17 + 4 = 21개의 빵이 담겨 있었습니다.

심화문제 **02** ······ P. 42

[정답] 무우 - 6개, 상상 - 8개, 알알 - 6개, 제이 - 4개

[풀이 과정]

1) 먼저 주어진 대화 중 정확한 정보를 얻을 수 있는 친구의 말부터 이용해 풀이합니다.

   i. 상상 : 우리 넷이 먹은 비스킷의 총 개수는 24개야!
   → 네 명의 친구들이 먹은 비스킷의 총 개수는 24개입니다.

   ii. 무우 : 나는 알알이와 같은 개수만큼 먹었어!
   → 무우와 알알이가 먹은 비스킷의 개수는 같습니다.

   iii. 알알 : 나는 제이보다 2개 더 많은 비스킷을 먹었어!
   → 제이는 무우와 알알이보다 2개 더 적은 비스킷을 먹었습니다.

   iv. 제이 : 상상이는 무우보다 2개 더 많은 비스킷을 먹었어!
   → 상상이는 무우와 알알이보다 2개 더 많은 비스킷을 먹었습니다.

2) 만약 무우나 알알이가 먹은 비스킷의 개수가 □개라면 제이는 □보다 2개 더 적은 비스킷을, 상상이는 □보다 2개 더 많은 비스킷을 먹은 것입니다. 그러므로 넷이서 24개의 비스킷을 똑같이 나누어 가지고 두 개의 비스킷을 제이가 상상이에게 주면 됩니다.

3) 24개의 비스킷을 넷이서 6개씩 똑같이 나누어 가지고 제이가 상상이에게 두 개의 비스킷을 준다면 제이는 6 - 2 = 4개의 비스킷을, 상상이는 6 + 2 = 8개의 비스킷을 먹게 됩니다.

4) 따라서 무우와 알알이는 각각 6개, 상상이는 8개, 제이는 4개의 비스킷을 먹었습니다.

심화문제 **03** ······ P. 43

[정답] 3일

[풀이 과정]

1) A, B 두 물탱크에 들어 있는 총 물의 양은 75 + 15 = 90L입니다. 90L를 둘로 나누는데 하나가 나머지의 두 배가 되는 방법은 다음과 같습니다. 90L의 물을 30L씩 셋으로 똑같이 나누고 B 물탱크에는 30L의 물이, 나머지 A 물탱크에는 남은 60L의 물을 담으면 됩니다.

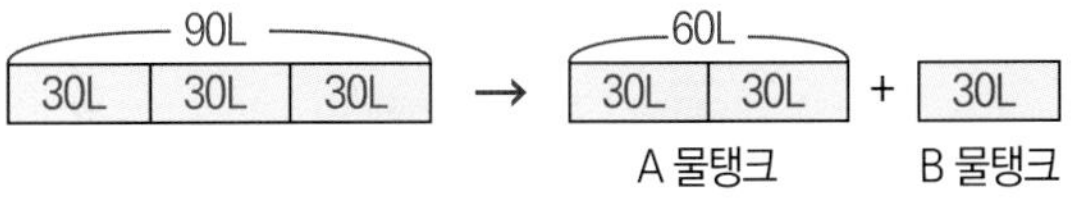

2) 현재 A 물탱크에는 75L의 물이, B 물탱크에는 15L의 물이 있으므로 A 물탱크에서 B 물탱크로 15L의 물을 옮기면 A 물탱크에는 60L의 물이, B 물탱크에는 30L의 물이 있게 됩니다. 따라서 15L의 물을 옮기기 위해서는 3일이 지나야 합니다.
→ 5 + 5 + 5 = 15L

심화문제 **04** P. 45

[정답] 8마리

[풀이 과정]

1) 현재 세 개의 외양간에 있는 소의 마릿수가 모두 같으므로 현재 각 외양간에 있는 소의 마릿수를 □라고 합니다.
2) 문제에 주어진 정보들을 이용해 세 외양간에 원래 있던 소의 마릿수를 구합니다.
   ⅰ. A 외양간 (B 외양간으로 5마리를 옮겼습니다.)
   → (□ + 5)마리
   ⅱ. B 외양간 (A 외양간에서 5마리를 받았습니다.)
   → (□ - 5)마리
   ⅲ. C 외양간 (새로운 송아지 3마리가 태어났습니다.)
   → (□ - 3)마리
3) 원래 A 외양간에는 □보다 5마리 더 많은 소가, C 외양간에는 □보다 3마리 더 적은 소가 있었으므로 원래 A 외양간에는 C 외양간보다 8마리 더 많은 소가 있었습니다.
   예) □가 10마리일 때 → A외양간 : 10 + 5 = 15마리, C 외양간 : 10 - 3 = 7마리
   A 외양간에는 C 외양간보다 15 - 7 = 8마리의 소가 더 있었습니다.

창의적문제해결수학 **01** P. 44

[정답] 5가지

[풀이 과정]

1) 가장 적은 개수의 쿠키를 받게 되는 제이를 기준으로 경우를 나누어 구합니다.
   ⅰ. 제이가 1개의 쿠키를 받는 경우 → 3가지

제이	알알	상상	총합
1개	2개	8개	11개
1개	3개	7개	11개
1개	4개	6개	11개

   ⅱ. 제이가 2개의 쿠키를 받는 경우 → 2가지

제이	알알	상상	총합
2개	3개	6개	11개
2개	4개	5개	11개

2) 제이가 3개 이상의 쿠키를 받는 경우 세 가지 조건을 동시에 모두 만족할 수 없습니다. 따라서 조건을 모두 만족하면서 세 명의 친구들에게 쿠키를 나누어 주는 방법은 총 3 + 2 = 5가지입니다.

창의적문제해결수학 **02** P. 45

[정답] 빨간색 - 21마리, 파란색 - 13마리

[풀이 과정]

1) 잡은 소라게가 모두 34마리라고 했으므로 원래 두 바구니에 담겨 있던 소라게는 총 34마리입니다. 하지만 빨간 바구니에서 4마리의 소라게가 밖으로 튀어 나갔으므로 두 바구니에는 34 - 4 = 30마리의 소라게가 남아 있습니다.
2) 빨간 바구니에 있는 소라게의 수가 파란 바구니의 2배가 되기 위해서는 30마리의 소라게를 10마리씩 셋으로 똑같이 나누고 빨간 바구니에는 20마리의 소라게를, 파란 바구니에는 10마리의 소라게를 담으면 됩니다.

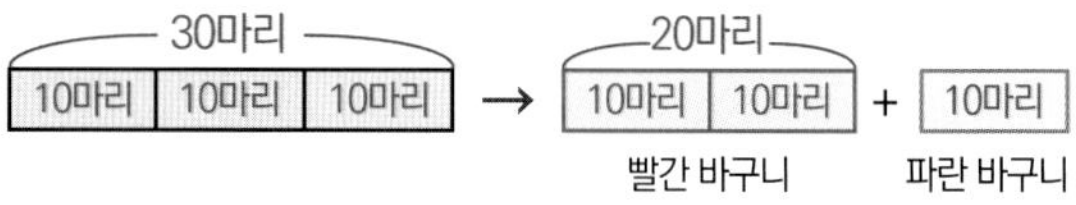

3) 빨간 바구니에서 4마리가 밖으로 튀어 나가고, 파란 바구니에서 빨간 바구니로 세 마리의 소라게가 들어갔으므로 원래 빨간 바구니에는 20 + 4 - 3 = 21마리, 파란 바구니에는 10 + 3 = 13마리의 소라게가 들어 있었습니다.

3. 어떤 수 구하기

대표문제 확인하기 1 .... P. 51

[정답] 5

[풀이 과정]

1) 먼저 어떤 수 □를 구합니다.
어떤 수 □에 12를 더했더니 29가 되었으므로
→□ + 12 = 29
→□ = 29 - 12
→□ = 17
어떤 수 □는 17입니다.

2) 따라서 바르게 계산한 답은 17 - 12 = 5입니다.

대표문제 확인하기 2 .... P. 51

[정답] 35

[풀이 과정]

1) 어떤 수 □에서 8을 빼고 5를 더했더니 32가 되었으므로 거꾸로 32에 8을 더하고 5를 빼면 어떤 수 □를 구할 수 있습니다.
→□ - 8 + 5 = 32
→□ = 32 + 8 - 5
→□ = 35

2) 따라서 어떤 수 □는 35입니다.

대표문제 확인하기 3 .... P. 51

[정답] 11개

[풀이 과정]

1) 무우는 가지고 있는 연필 중 5개를 사용하고(- 5) 새 연필 3개를 샀더니(+ 3) 9개의 연필을 가지게 되었습니다. 거꾸로 9개에 5개를 더하고 3개를 빼면 처음에 가지고 있던 연필의 개수를 구할 수 있습니다.
→□ - 5 + 3 = 9개
→□ = 9 + 5 - 3
→□ = 11개

2) 따라서 무우가 원래 가지고 있던 연필의 개수는 11개입니다.

대표문제 확인하기 1 .... P. 53

[정답] 3년 후

[풀이 과정]

1) 다음과 같이 아래 표의 빈칸을 채울 수 있습니다.

	현재	1년 후	2년 후	3년 후	4년 후
나	9살	10살	11살	12살	13살
동생	5살	6살	7살	8살	9살
총합	14살	16살	18살	20살	22살

2) 나와 동생의 나이의 합이 20살이 되는 것은 3년 후입니다.

대표문제 확인하기 2 .... P. 53

[정답] 6, 11

[풀이 과정]

1) 다음과 같이 아래 표의 빈칸을 채울 수 있습니다.

합이 17인 두 수	1	2	3	4	5	6	7
	16	15	14	13	12	11	10
두 수의 차	15	13	11	9	7	5	3

2) 합이 17이면서 차가 5인 어떤 두 수는 6과 11입니다.

연습문제 **01** P. 54

[정답] 10

[풀이 과정]

1) 먼저 어떤 수 □를 구합니다.
어떤 수 □에 8을 더하고 5를 뺐더니 16이 되었으므로 거꾸로 16에 8을 빼고 5를 더하면 어떤 수 □를 구할 수 있습니다.
→□ + 8 – 5 = 16
→□ = 16 – 8 + 5
→□ = 13
어떤 수 □는 13입니다.

2) 따라서 바르게 계산한 답은 13 – 8 + 5 = 10입니다.

연습문제 **02** P. 54

[정답] 염소 – 5마리, 오리 – 5마리

[풀이 과정]

1) 다음과 같이 빈칸을 채울 수 있습니다. 염소의 다리는 4개, 오리의 다리는 2개입니다.

염소	1마리	2마리	3마리	4마리	5마리
오리	9마리	8마리	7마리	6마리	5마리
다리 수의 합	22개	24개	26개	28개	30개

2) 다리 수의 합이 30이 되는 경우는 염소 5마리, 오리 5마리가 있을 때입니다.

연습문제 **03** P. 55

[정답] 무우 – 17개, 제이 – 22개

[풀이 과정]

1) 무우는 8개만 더 있으면 25개의 구슬을 가지게 되므로 무우가 가진 구슬의 개수는 25 – 8 = 17개입니다.

2) 제이는 무우보다 5개 더 많은 구슬을 가지고 있으므로 제이가 가진 구슬의 개수는 17 + 5 = 22개입니다.

연습문제 **04** P. 55

[정답] 4년 후

[풀이 과정]

1) 올해 나의 나이가 10살이므로 작년 나의 나이는 9살이고, 작년 어머니의 나이는 나의 나이의 4배이므로 9 × 4 = 36살입니다.
이를 이용해 다음과 같이 빈칸을 채울 수 있습니다.

	작년	현재	1년 후	2년 후	3년 후	4년 후	5년 후
나	9살	10살	11살	12살	13살	14살	15살
어머니	36살	37살	38살	39살	40살	41살	42살
총합	45살	47살	49살	51살	53살	55살	57살

2) 나와 어머니 나이의 합이 55살이 되는 것은 4년 후입니다.

연습문제 **05** P. 56

[정답] 5 번

[풀이 과정]

1) 먼저 48m 길이의 통나무로 8m 길이의 도막을 몇 개 만들 수 있을지 구합니다.

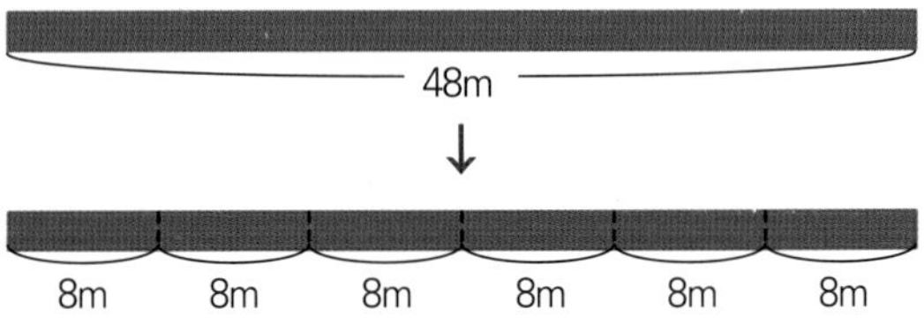

48 = 8 × 6이므로 8m 길이의 도막 6개를 만들 수 있습니다.

2) 통나무를 6개의 도막으로 자르기 위해서는 5 번의 톱질을 해야 합니다.

연습문제 **06** P. 56

[정답] 26명

[풀이 과정]

1) 무우와 상상이 말에 따라 첫 번째 정류장에서는 8명이 내리고, 3명이 탔습니다.
   → 첫 번째 정류장에서는 5명이 내린 것과 같습니다.
2) 상상이와 알알이 말에 따라 두 번째 정류장에서는 5명이 탔고, 5명이 내렸습니다.
   → 두 번째 정류장에서는 인원수 변화가 없습니다.
3) 5명이 내렸더니 버스에 탄 사람들이 21명이므로
   → □ - 5 = 21
   → □ = 21 + 5
   → □ = 26
   맨 처음 버스에 타고 있던 사람들은 총 26명입니다.

연습문제 **07** P. 57

[정답] 6명

[풀이 과정]

1) 20개의 쿠키 중 2개의 쿠키만 남기고 한 사람 당 3개씩의 쿠키를 나누어 먹었으므로 남긴 2개의 쿠키를 뺀 20 - 2 = 18개의 쿠키를 3개씩 나누어 먹으면 몇 명이 나누어 먹을 수 있을지 생각해봅니다.
2) 3 × 6 = 18이므로 6명의 친구들이 3개씩 나누어 먹었습니다.

연습문제 **08** P. 57

[정답] 상상이 - 12개, 알알이 - 6개

[풀이 과정]

1) 다음과 같이 빈칸을 채울 수 있습니다.

상상이	17개	16개	15개	14개	13개	12개	11개
알알이	1개	2개	3개	4개	5개	6개	7개

2) 둘이 합쳐 18개의 조개를 상상이가 알알이의 두 배만큼 주운 경우는 상상이가 12개, 알알이가 6개의 조개를 주웠을 때입니다.

연습문제 **09** P. 58

[정답] 50원 - 4개, 100원 - 2개

[풀이 과정]

1) 다음과 같이 빈칸을 채울 수 있습니다.

50원	1개	2개	3개	4개	5개
100원	5개	4개	3개	2개	1개
총 금액	550원	500원	450원	400원	350원

2) 두 종류의 동전을 합쳐 6개의 동전으로 400원을 가지고 있는 경우는 50원짜리 동전 4개와 100원짜리 동전 2개를 가지고 있을 때입니다.

연습문제 **10** P. 58

[정답] 38살

[풀이 과정]

1) 동생의 나이는 7살이고 나와 동생은 2살 차이이므로 나의 나이는 9살입니다.
2) 나의 나이를 4배한 9 × 4 = 36살에 3살을 더하면 아빠의 나이는 39살이 됩니다.
3) 아빠는 엄마보다 한 살이 더 많으므로 엄마의 나이는 아빠보다 한 살이 적은 39 - 1 = 38살입니다.

연습문제 11 ········ P. 59

[정답] 12개

[풀이 과정]

1) 문제의 내용에 따라 다음과 같이 나타낼 수 있습니다.

상상이에게 3개를 줬다. / 알알이에게 5개를 받았다. / 제이에게 절반을 줬다.

? 개 → (−3) ? 개 → (+5) ? 개 → (−7) 7 개

제이에게 절반의 구슬을 주고 7개의 구슬이 남았으므로, 제이에게 준 구슬의 개수도 똑같이 7개인 것을 알 수 있습니다.

2) 또한 아래와 같이 계산 과정을 거꾸로 나타낼 수도 있습니다.

3개 주기 전 / 5개 받기 전 / 절반 주기 전

12 개 ← (+3) 9 개 ← (−5) 14 개 ← (+7) 7 개

3) 따라서 무우가 원래 가지고 있던 구슬은 12개입니다.

연습문제 12 ········ P. 59

[정답] 5일 후

[풀이 과정]

1) 다음과 같이 빈칸을 채울 수 있습니다.

	1일 후	2일 후	3일 후	4일 후	5일 후
나의 저금통 액수	5,100원	5,200원	5,300원	5,400원	5,500원
형의 저금통 액수	3,500원	4,000원	4,500원	5,000원	5,500원

2) 나와 형의 저금통 액수가 같아지는 것은 5일 후입니다.

심화문제 01 ········ P. 60

[정답] 남긴 만두 - 2개, 처음에 담긴 만두 - 24개

[풀이 과정]

1) 먼저 형이 4개의 만두를 먹은 이후의 상황을 생각합니다. 동생은 8개의 만두를 먹었고 형은 동생이 남긴 만두를 포함해 12개의 만두를 먹었으므로 20개의 만두가 있었던 것을 알 수 있습니다. 이를 형과 동생이 10개씩 나누어 가지고 동생이 2개의 만두를 남겨 형에게 주면 동생은 8개, 형은 12개의 만두를 먹게 됩니다.

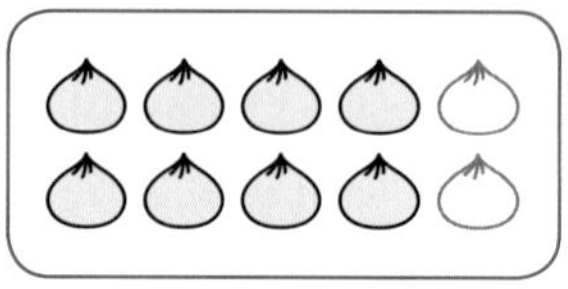

〈동생〉

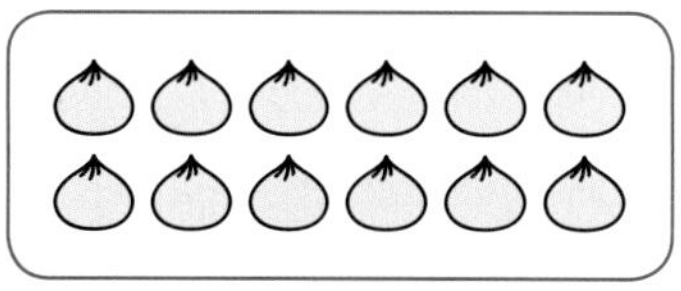

〈형〉

2) 따라서 동생이 남긴 만두는 2개, 처음에 접시에 담겨 있던 만두는 모두 20 + 4 = 24개입니다.

심화문제 02 ········ P. 60

[정답] 13일

[풀이 과정]

1) 제이는 35쪽의 동화책을 읽는데 일주일 (7일)이 걸렸으므로 하루마다 5쪽씩 읽는 것을 알 수 있습니다.
→ 5 × 7 = 35

2) 하루에 5쪽씩 읽어서 65쪽의 책을 모두 읽으려면 며칠이 걸리는지 생각해 봅니다.
→ 하루에 5쪽씩 9일 동안 읽는 경우 → 5 × 9 = 45
→ 하루에 5쪽씩 4일 동안 읽는 경우 → 5 × 4 = 20

3) 따라서 하루에 5쪽씩 65쪽의 위인전을 다 읽으려면 총 9 + 4 = 13일이 걸립니다.

심화문제 **03** P. 61

[정답] 5일 후

[풀이 과정]

1) 다음과 같이 빈칸을 채울 수 있습니다.

	1일 후	2일 후	3일 후	4일 후	5일 후
나의 저금통 액수	2,200원	2,400원	2,600원	2,800원	3,000원
형의 저금통 액수	7,000원	7,500원	8,000원	8,500원	9,000원

2) 형의 저금통 액수가 나의 저금통 액수의 세 배가 되는 것은 5일 후입니다.

심화문제 **04** P. 61

[정답] 9그루

[풀이 과정]

일정한 간격으로 나무를 심는 경우 간격의 개수에 1을 더하면 몇 그루의 나무를 심을지 구할 수 있어!

1) 6그루의 나무를 심으면 나무와 나무 사이의 간격은 5개가 되므로 40m의 공원 산책로에 8m 간격으로 6그루의 나무를 심을 수 있습니다. → 8 × 5 = 40m
이를 그림으로 나타내면 다음과 같습니다.

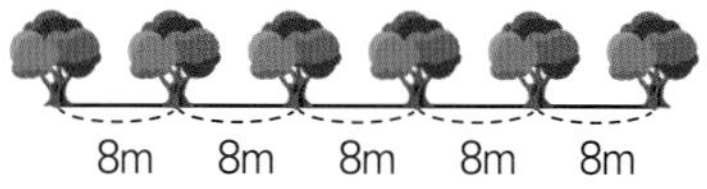

2) 64m 길에는 8m 간격이 8번 들어갈 수 있습니다.
→ 8 × 8 = 64
따라서 64m 길에 8m 간격으로 나무를 심으면 9그루의 나무를 심을 수 있고, 이를 그림으로 나타내면 다음과 같습니다.

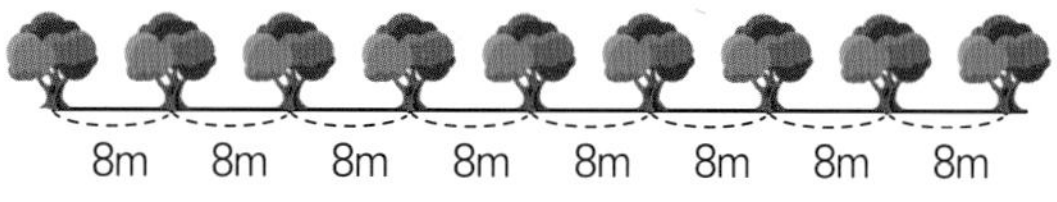

창의적문제해결수학 **01** P. 62

[정답] 40명

[풀이 과정]

1) 먼저 문제에 주어진 정보를 이용해 각 과목을 선택한 총 학생 수를 구합니다.
 i. 수학 → 32명
 ii. 국어 → 32 − 5 = 27명
 iii. 과학 → 27 + 8 = 35명

2) 방과 후 보충 수업을 신청한 학생은 총 32 + 27 + 35 = 94명입니다. 이 중 여학생이 54명이라고 했으므로 방과 후 보충 수업을 신청한 남학생은 총 94 − 54 = 40명입니다.

창의적문제해결수학 **02** P. 63

[정답] 18개

[풀이 과정]

1) 대여소에는 총 20대의 자전거가 있었는데 무우, 상상, 알알이가 두발자전거를, 제이가 세발자전거를 빌려서 20 − 3 − 1 = 16대가 남았습니다.

2) 알알이가 "남은 세발자전거의 바퀴 개수를 모두 세어보니 21개네!" 라고 했으므로 남은 자전거 중 세발자전거는 7대인 것을 알 수 있습니다. → 3 × 7 = 21

3) 따라서 남은 16대의 자전거 중 두발자전거는 16 − 7 = 9대이며 바퀴 개수는 총 2 × 9 = 18개입니다.

4. 재치있게 풀기

대표문제 확인하기 1 .... P. 69

[정답] ㅍ

[풀이 과정]

1) 한글의 자음을 순서대로 나열해보면 다음과 같습니다.

ㄱ ㄴ ㄷ ㄹ ㅁ ㅂ ㅅ ㅇ ㅈ ㅊ ㅋ ㅌ ㅍ ㅎ

2) 이 중 나열된 자음에만 ○ 표시합니다.

(ㄱ) ㄴ ㄷ (ㄹ) ㅁ ㅂ (ㅅ) ㅇ ㅈ (ㅊ) ㅋ ㅌ ㅍ ㅎ

3) 자음을 ㄱ 부터 순서대로 나열한 후 첫 번째, 네 번째, 일곱 번째, … 와 같이 사이에 두 개의 자음을 제외하고 적은 것을 알 수 있습니다. 따라서 물음표 자리에 들어갈 알맞은 자음은 ㅍ 입니다.

(ㄱ) ㄴ ㄷ (ㄹ) ㅁ ㅂ (ㅅ) ㅇ ㅈ (ㅊ) ㅋ ㅌ (ㅍ) ㅎ

대표문제 확인하기 2 .... P. 69

[정답] 11

[풀이 과정]

1) 새로운 연산기호 ★ 은 양쪽에 두 수를 곱한 후 1을 더하는 것입니다.

$2 ★ 3 = (2 \times 3) + 1 = 7$

$4 ★ 6 = (4 \times 6) + 1 = 25$

$3 ★ 7 = (3 \times 7) + 1 = 22$

2) 따라서 $2 ★ 5 = (2 \times 5) + 1 = 11$입니다.

대표문제 확인하기 .... P. 71

[정답] 풀이 과정 참조

[풀이 과정]

1) 식이 성립하도록 한 개의 성냥개비를 옮기는 방법은 다음과 같이 세 가지입니다.

i. 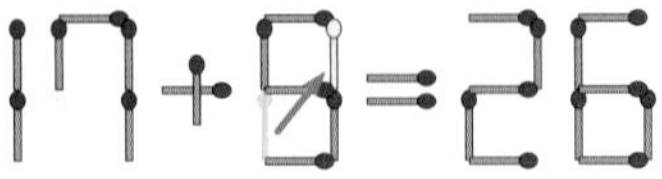

ii. 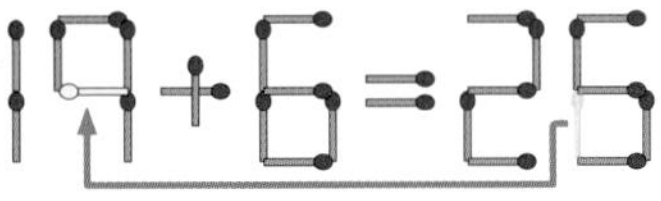

iii. 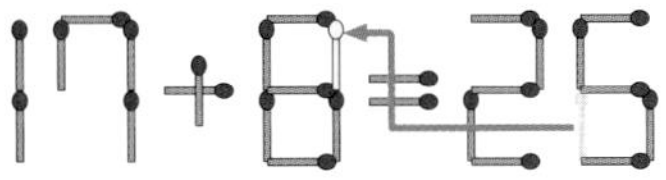

연습문제 01 .... P. 72

[정답] 18

[풀이 과정]

1)  +  +  = 12이므로 한 개는 4입니다.

2)  +  = 11이고,  = 4이므로  한 개는 11 - 4 = 7입니다.

3) 따라서  +  + 는 7 + 7 + 4 = 18입니다.

연습문제 02 .... P. 72

[정답] 가위바위보

[풀이 과정]

1) '가위바위보' 를 떠올리면 되는 문제입니다.

2) 숫자 0, 5, 2를 다음과 같이 손으로 표현할 수 있습니다.

3) 보는 바위를 이기고, 바위는 가위를 이기고, 가위는 보를 이깁니다.

연습문제 03 ······ P. 73

[정답] 풀이 과정 참조

[풀이 과정]

1) 다음과 같이 노란색으로 표시된 두 개의 성냥개비를 옮기면 같은 크기의 사각형 두 개를 만들 수 있습니다.

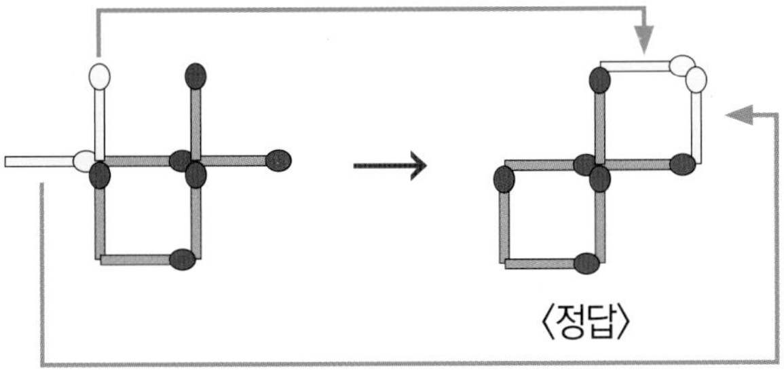

〈정답〉

연습문제 04 ······ P. 73

[정답] 풀이 과정 참조

[풀이 과정]

1) 숫자 3을 만드는 데 사용된 성냥개비는 5개입니다. 5개의 성냥개비로 만들 수 있는 숫자는 5, 2, 6, 9 입니다

(1)

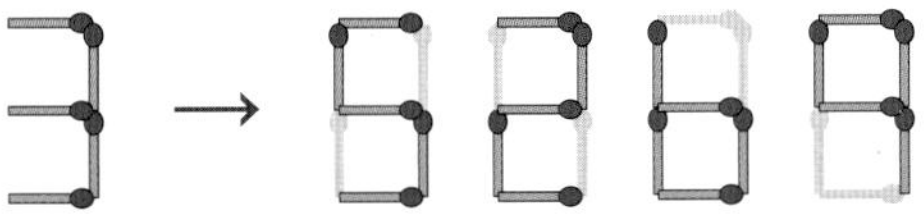

2) 숫자 6을 만드는 데 사용된 성냥개비는 6개입니다. 6개의 성냥개비로 만들 수 있는 숫자는 9, 0 입니다.

(2)

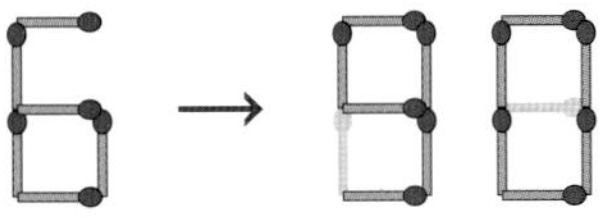

연습문제 05 ······ P. 74

[정답] 10

[풀이 과정]

1) 네 개의 칸은 각각 어떤 숫자를 뜻하고, 색칠된 칸의 숫자들을 모두 더하면 주어진 수가 됩니다.

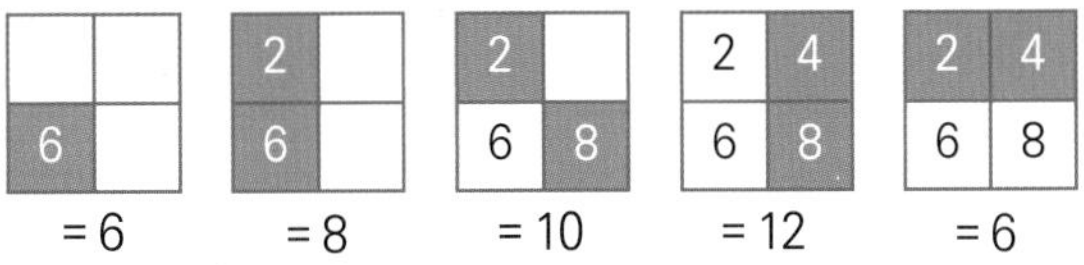

2) 따라서 물음표에 들어갈 알맞은 수는 4 + 6 = 10입니다.

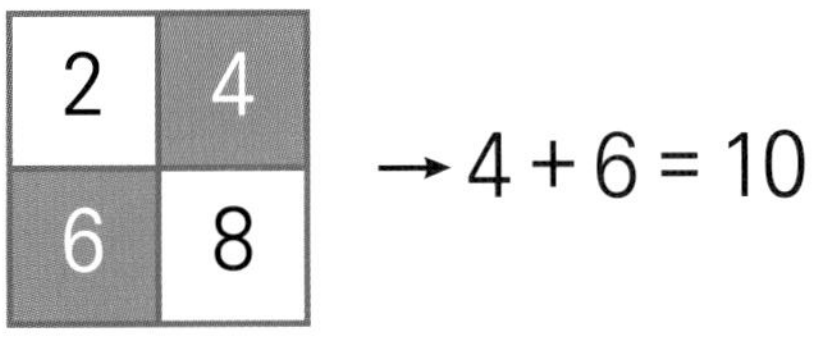

연습문제 06 ······ P. 74

[정답] 풀이 과정 참조

[풀이 과정]

1) 아래 두 가지 방법과 같이 노란색으로 표시된 두 개의 성냥개비를 옮기면 식이 성립하도록 만들 수 있습니다.

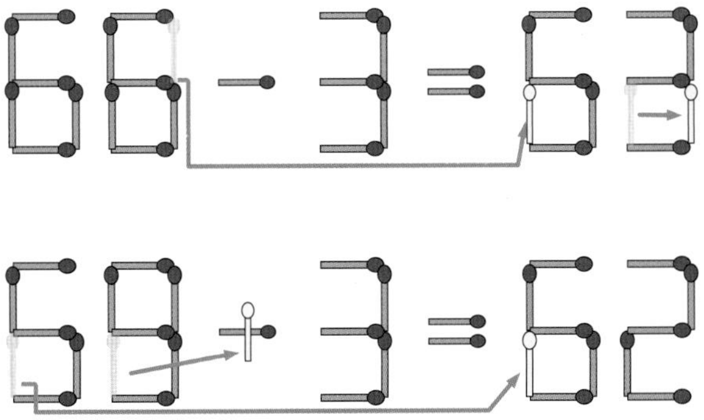

〈정답〉

4 정답 및 풀이

연습문제 **07** ······ P. 75

[정답] 풀이 과정 참조

[풀이 과정]

1) '라흔' 이라는 글자에 사용된 자음 ㄴ, ㄹ, ㅎ 와 모음 ㅏ, ㅡ 를 조합하면 '하늘' 또는 '나흘' 이라는 단어를 만들 수 있습니다.

(1) **라흔 → 하늘, 나흘**

2) '릭와' 라는 글자에 사용된 자음 ㄱ, ㄹ, ㅇ 와 모음 ㅏ, ㅗ, ㅣ 를 조합하면 '과일', '일과' 또는 '가오리' 라는 단어를 만들 수 있습니다.

(2) **릭와 → 과일, 일과, 가오리**

연습문제 **08** ······ P. 75

[정답] 풀이 과정 참조

[풀이 과정]

1) 다음과 같이 성냥개비 1개를 더하거나 빼서 다른 수를 만들 수 있습니다.

(1) 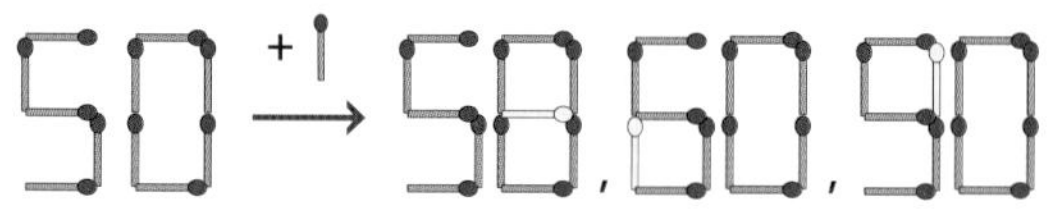

(2) 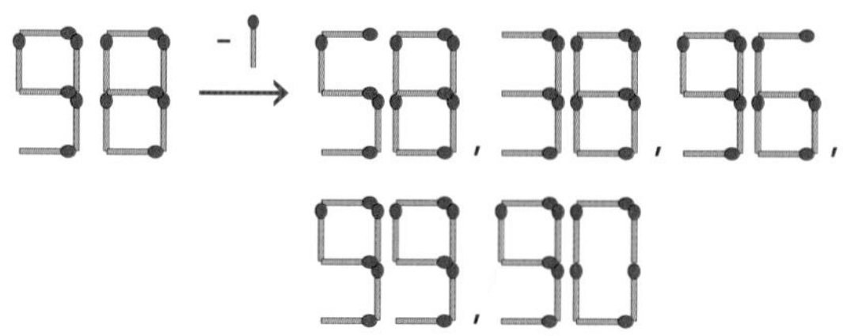

연습문제 **09** ······ P. 76

[정답] 풀이 과정 참조

[풀이 과정]

1) 다음과 같이 두 개의 원을 옮기면 삼각형이 아래를 바라보도록 만들 수 있습니다.

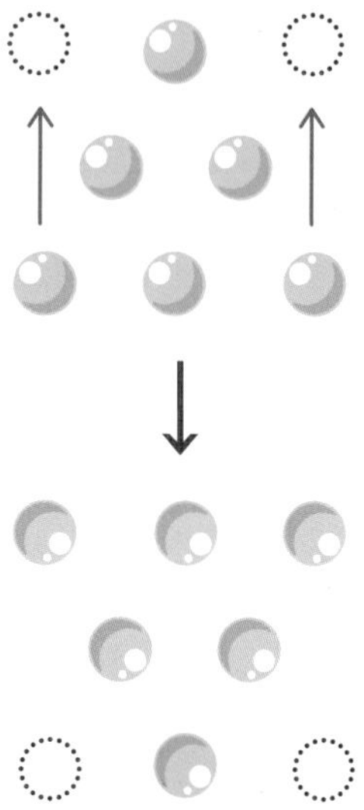

〈정답〉

연습문제 **10** ······ P. 76

[정답] ㅅ

[풀이 과정]

1) '하나 둘 셋 넷 다섯 …' 과 같이 숫자를 한글로 읽은 것의 자음만을 순서대로 적은 것입니다.

ㅎ	ㄴ	ㄷ	ㅅ	ㄴ	ㄷ	ㅅ	ㅇ	?
하	나	둘	셋	넷	다	섯	여	섯

2) '다섯' 다음에 들어갈 숫자는 '여섯'입니다. 따라서 물음표 자리에 들어갈 알맞은 자음은 ㅅ입니다.

연습문제 **11** ······ P. 77

[정답] 달력

[풀이 과정]

1) '달력' 을 떠올리면 되는 문제입니다.

2) 제이는 30일까지 있는 어떤 달력을 보고 24일에 6일을 더해서 30일, 24일에 10일을 더해서 다음 달 4일을 말한 것입니다.

연습문제 12 ········· P. 77

[정답] 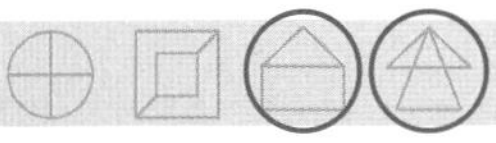

[풀이 과정]

1) 한 꼭짓점에 모인 선의 개수가 짝수개인 점을 짝수 점, 홀수개인 점을 홀수 점이라고 합니다. 한붓그리기가 가능하기 위해서 도형이 짝수 점으로만 이루어져 있거나, 홀수 점이 2개이고 한 점이 시작 점, 나머지 한 점이 도착점이 되어야 합니다.
2) 한붓그리기가 가능한 도형은 홀수점이 두 개인 세 번째 도형과 짝수 점으로만 이루어진 네 번째 도형입니다.

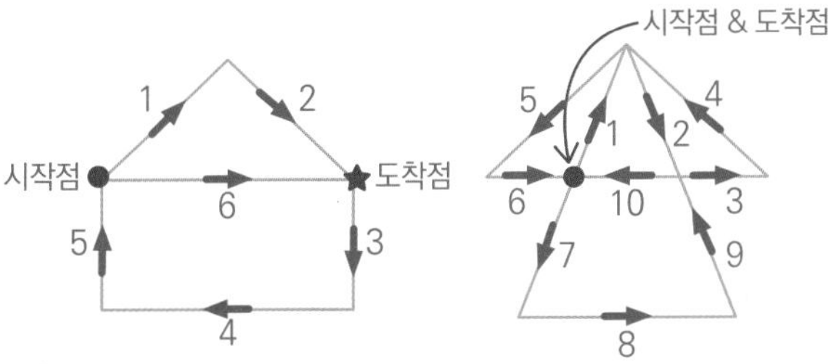

심화문제 01 ········· P. 78

[정답] 18

[풀이 과정]

1) '시계' 를 떠올리면 되는 문제입니다. <보기>의 그림을 시계 위에 놓았을 때, 각 그림이 의미하는 수는 선이 놓여있는 수들의 합입니다.

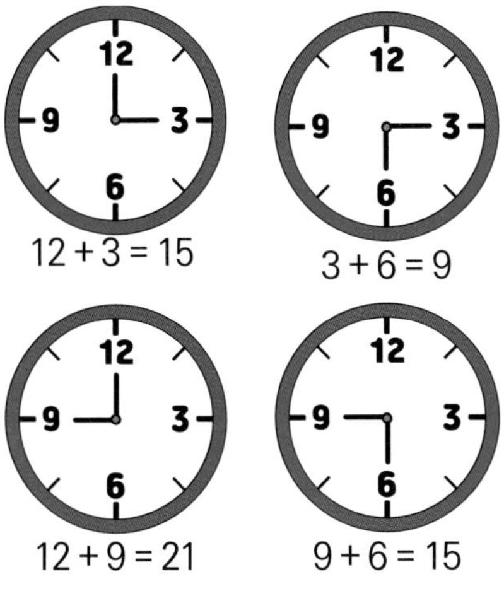

2) 따라서 물음표에 들어갈 알맞은 수는 12 + 6 = 18입니다.

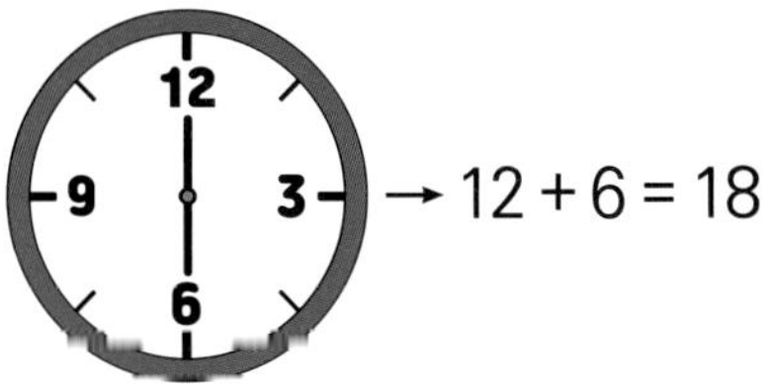

심화문제 02 ········· P. 78

[정답] 12

[풀이 과정]

1) + = 8이므로 한 개는 4입니다.
2) + + = 14이고, = 4이므로 두 개는 14 - 4 = 10입니다. 따라서 한 개는 5입니다.
3) + + + = 14이고, = 5이므로 세 개는 14 - 5 = 9입니다. 따라서 한 개는 3입니다.
4) 그러므로 + + = 4 + 3 + 5 = 12입니다.

심화문제 03 ········· P. 79

[정답] 풀이 과정 참조

[풀이 과정]

1) 그림은 위에 자음 ㄱ, ㄴ, ㄷ을 적고 그 아래에는 각 자음을 뒤집은 모습을 그린 것입니다.

2) 따라서 네 번째에는 위에 자음 ㄹ 을 적고 그 아래에는 ㄹ 을 뒤집은 모습을 그리면 됩니다.

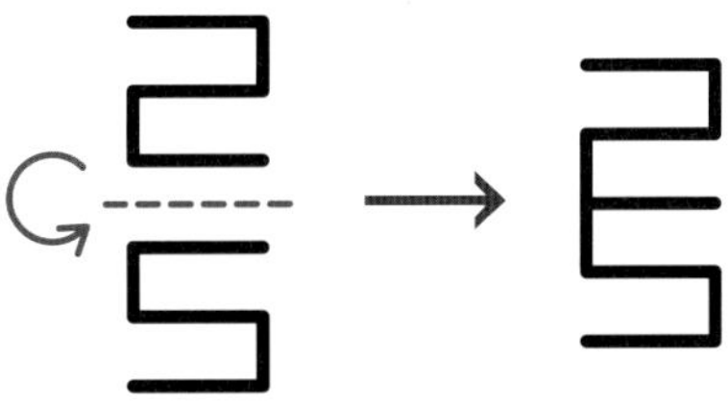

〈정답〉

5 정답 및 풀이

심화문제 **04** ······ P. 79

[정답] 941

[풀이 과정]

1) 노란색 성냥개비 두 개를 움직이면 '93', '96', '99' 등 더 큰 두 자리 수를 만들 수 있습니다. 하지만 8에서 두 개의 성냥개비를 떼어 4 뒤에 1을 만들어 붙이면, 두 자리 수가 아닌 세 자리 수 '941'을 만들 수 있습니다.
2) 따라서 두 개의 성냥개비를 움직여서 만들 수 있는 가장 큰 수는 '941'입니다.

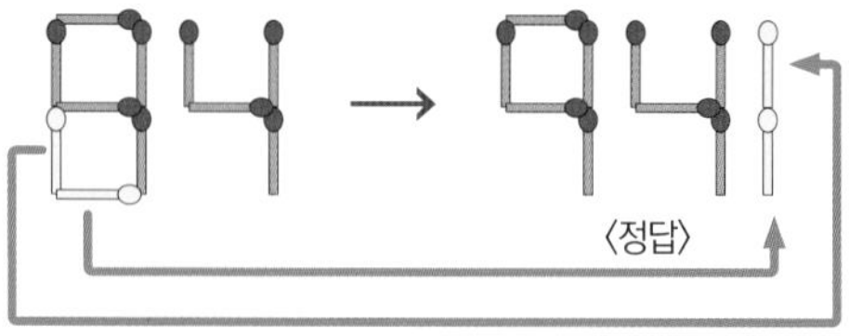

〈정답〉

창의적문제해결수학 **01** ······ P. 80

[정답] 금요일 오전 1시

[풀이 과정]

1) 다람쥐와 토끼의 대화만을 보고 알 수 있는 정보는 다음과 같습니다.
   i. 오늘은 수요일입니다.
   ii. 지금 시각은 오후 3시입니다.
   iii. 다람쥐와 토끼는 지금으로부터 22시간 뒤에 만납니다.
2) 먼저 이상한 나라의 하루는 16시간인 것을 이용해 22시간 중 16시간 뒤는 몇 시일지 생각해봅니다. 수요일 오후 3시로부터 16시간 뒤는 하루 뒤인 목요일 오후 3시입니다.
3) 22 - 16 = 6이므로 위에서 구한 목요일 오후 3시로부터 6시간 뒤는 몇 시일지 구합니다. 목요일 오후 3시로부터 6시간 후는 금요일 오전 1시입니다.
4) 따라서 다람쥐와 토끼가 만나기로 한 것은 금요일 오전 1시입니다.

창의적문제해결수학 **02** ······ P. 81

[정답] 풀이 과정 참조

[풀이 과정]

1) 왕은 눈을 사실적으로 그려도, 사실적으로 그리지 않아도 마음에 들어하지 않았습니다. 그러므로 스님은 애꾸눈이 보이지 않도록 왕의 성한 눈이 있는 쪽 옆모습을 그려 왕의 마음을 사로잡았습니다.

〈정답〉

5. 추론하기

대표문제 확인하기 ········· P. 87

[정답] 무우 – 딸기, 상상 – 사과, 알알 – 바나나

[풀이 과정]

1) 무우는 빨간색 과일을 좋아하므로 딸기 또는 사과를 좋아합니다.
2) 세 친구는 서로 다른 과일을 좋아하고, 상상이가 사과를 좋아하므로 무우가 좋아하는 과일은 딸기입니다.
3) 따라서 알알이는 사과와 딸기를 제외한 바나나를 좋아하는 것을 알 수 있습니다.
4) 또한 다음과 같이 논리표를 이용해 풀이할 수도 있습니다.

	무우	상상	알알
딸기	○	×	×
바나나	×	×	○
사과	×	○	×

대표문제 확인하기 1 ········· P. 89

[정답] 1등 – A, 2등 – C, 3등 – B

[풀이 과정]

1) C가 A의 바로 다음으로 결승선을 통과한 경우는 다음과 같이 두 가지입니다.
→ B – A – C 또는 A – C – B
2) 그런데 두 번째 조건에서 A는 B보다 먼저 결승선을 통과했으므로 정답은 1등 – A, 2등 – C, 3등 – B입니다.

대표문제 확인하기 2 ········· P. 89

[정답] 알알 – 상상 – 제이 – 무우

[풀이 과정]

1) 무우 뒤에는 아무도 없으므로 무우는 맨 뒤에 서 있는 것을 알 수 있습니다.
2) 상상이는 제이의 앞에, 알알이의 뒤에 서 있으므로 알알 – 상상 – 제이 순으로 서 있는 것을 알 수 있습니다.
3) 따라서 친구들이 줄을 서 있는 순서는 알알 – 상상 – 제이 – 무우 순입니다.

연습문제 01 ········· P. 90

[정답] 무우 – 봄, 상상 – 가을, 알알 – 여름, 제이 – 겨울

[풀이 과정]

1) 정확한 정보를 알 수 있는 친구부터 먼저 표를 채워 나갑니다.

	무우	상상	알알	제이
봄	○	×	×	×
여름	×	×		×
가을	×			×
겨울	×	×	×	○

× : 상상이와 제이는 여름을 좋아하지 않습니다.
○, × : 무우는 봄을 좋아합니다.
○, × : 제이는 크리스마스가 있는 계절을 좋아합니다.

2) 네 명의 친구들이 서로 다른 계절을 좋아하므로 각 가로줄, 세로줄에 ○ 표시가 한 개씩만 있도록 표를 완성하면 다음과 같습니다.

	무우	상상	알알	제이
봄	○	×	×	×
여름	×	×	○	×
가을	×	○	×	×
겨울	×	×	×	○

3) 무우는 봄, 상상이는 가을, 알알이는 여름, 제이는 겨울을 좋아합니다.

연습문제 02 ········· P. 90

[정답] 무우 – 알알 – 상상 – 제이

[풀이 과정]

1) 무우와 제이 사이에는 두 명이 있으므로 무우와 제이는 맨 앞 또는 맨 뒤에 서 있는 것을 알 수 있습니다.
2) 그런데 상상이는 제이의 바로 앞에 서 있으므로 제이는 맨 앞에 서 있을 수 없습니다. 이를 이용해 맨 앞에는 무우, 맨 뒤에는 제이가 서 있는 것을 알 수 있습니다.
3) 따라서 네 명의 친구들이 서 있는 순서는 무우, 알알, 상상, 제이 순입니다.

연습문제 03 .... P. 91

[정답] 엄마

[풀이 과정]

1) 엄마와 아빠는 마주보고 앉아 있으므로 돌렸을 때 똑같은 경우를 제외하면 다음과 같이 한 가지 경우가 가능합니다.

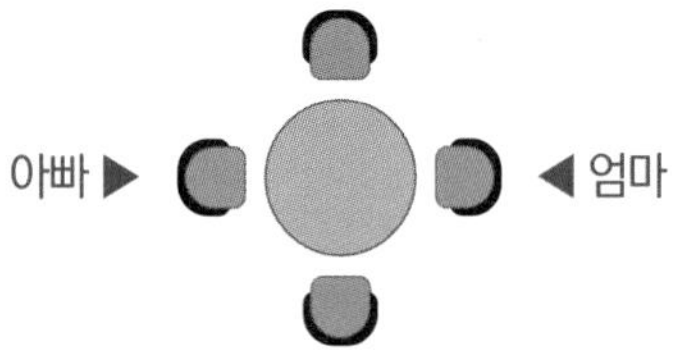

2) 동생의 왼쪽에는 아빠가 앉아 있으므로 동생과 나는 다음과 같이 앉아 있는 것을 알 수 있습니다.

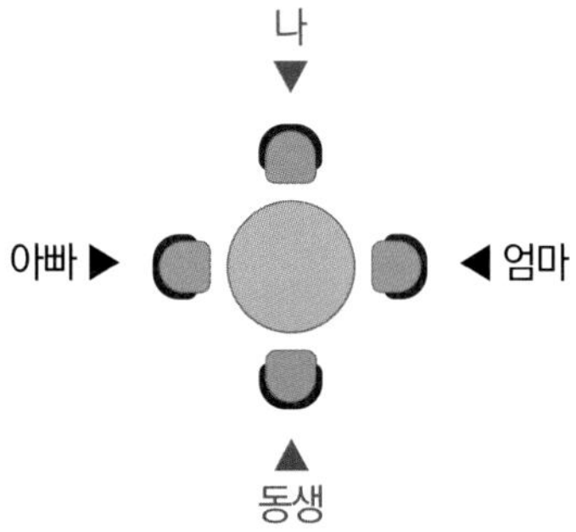

3) 따라서 나의 왼쪽에 앉은 사람은 엄마입니다.

연습문제 04 .... P. 91

[정답] 1등 - C, 2등 - A, 3등 - D, 4등 - B

[풀이 과정]

1) 먼저 정확한 정보를 얻을 수 있는 내용부터 이용해 풀이합니다.

i . (3) B선수는 마지막으로 결승선에 도착했습니다.
→ 네 명의 선수 중 4등은 B선수입니다.

ii. (2) A선수는 C선수 바로 다음으로 결승선에 도착했습니다.
→ 1등, 2등, 3등 순서대로 D - C- A또는 C- A- D의 두 가지 경우가 가능합니다.

iii. (4) D선수는 A선수보다 늦게 결승선에 도착했습니다.
→ 두 가지 경우 중 알맞은 경우는 C- A- D 입니다.

2) 따라서 1등은 C선수, 2등은 A선수, 3등은 D 선수, 4등은 B선수입니다.

연습문제 05 .... P. 92

[정답] 최민지, 김성우, 정지민, 이재호

[풀이 과정]

1) 정확한 정보를 알 수 있는 친구부터 먼저 표를 채워 나갑니다.

	민지	성우	지민	재호
김	×		×	×
이	×	×	×	○
최			×	×
정	×			×

×: 민지의 성에는 받침이 들어가지 않습니다.
○, × : 재호의 성은 이씨입니다.
× : 지민이의 성에는 'ㅇ'이 들어갑니다.

2) 네 명의 친구들의 성이 모두 다르므로 각 가로줄, 세로줄에 ○ 표시가 한 개씩만 있도록 표를 완성하면 다음과 같습니다.

	민지	성우	지민	재호
김	×	○	×	×
이	×	×	×	○
최	○	×	×	×
정	×	×	○	×

→ 친구들의 정확한 이름은
최민지, 김성우, 정지민, 이재호입니다.

연습문제 06 .... P. 92

[정답] B - A - C - D

[풀이 과정]

1) 먼저 정확한 정보를 얻을 수 있는 내용부터 이용해 풀이합니다.

i . (2) A보다 점수가 낮은 친구는 2명입니다.
→ A의 성적은 넷 중 2등입니다.

ii. (3) D보다 점수가 낮은 친구는 없습니다.
→ D의 성적은 넷 중 가장 낮은 4등입니다.

iii. (1) B의 점수는 C와 D보다 높습니다.
→ B와 C는 1등과 3등 중 하나이므로 B가 1등, C가 3등입니다.

2) 따라서 친구들을 성적이 좋은 순서대로 나열하면 B - A - C - D 입니다.

연습문제 **07** P. 93

[정답] B - C - E - D - A

[풀이 과정]

1) 먼저 정확한 정보를 얻을 수 있는 내용부터 이용해 풀이합니다.

i. (3) C의 아래에는 세 명이 삽니다.
→ C는 4층에 삽니다.

ii. (1) B는 A와 E보다 높은 층에 삽니다.
→ B는 3층 또는 5층에 삽니다.

iii. (2) D는 A의 바로 위층에 삽니다.
→ B가 3층이면 D가 A의 바로 위층에 살 수 없으므로 B는 5층입니다.

iv. (4) E는 D보다 위층에 삽니다.
→ D는 E보다는 아래층 A보다는 위층이므로 E가 3층, D가 2층, A가 1층입니다.

2) 따라서 높은 층에 사는 사람의 순서대로 나열하면 B - C - E - D - A 순입니다.

연습문제 **08** P. 93

[정답] 무우 - B형, 상상 - AB형, 알알 - O형, 제이 - A형

[풀이 과정]

1) 먼저 정확한 정보를 얻을 수 있는 내용부터 이용해 풀이합니다.

i. (2) 무우의 혈액형에는 알파벳 B가 들어갑니다.
→ 무우는 B형 또는 AB형입니다.

ii. (3) 상상이와 제이의 혈액형에는 같은 알파벳이 들어갑니다.
→ 무우가 혈액형에 B를 포함하기 때문에 상상이와 제이가 동시에 가진 알파벳은 A인 것을 알 수 있습니다. 따라서 상상이와 제이는 A형과 AB형 중 하나이고, 무우의 혈액형은 B형입니다.

iii. (4) 제이와 알알이의 혈액형은 알파벳 한 글자입니다.
→ 제이의 혈액형이 알파벳 한 글자이므로 제이가 A형, 상상이가 AB형인 것을 알 수 있습니다. 또한 알알이의 혈액형은 자연스럽게 남은 O형입니다.

2) 따라서 무우는 B형, 상상이는 AB형, 알알이는 O형, 제이는 A형입니다.

3) 또한 다음과 같이 논리표를 이용해 풀이할 수도 있습니다.

	A형	B형	O형	AB형
무우	×	○	×	×
상상	×	×	×	○
알알	×	×	○	×
제이	○	×	×	×

연습문제 **09** P. 94

[정답] 진실을 말하는 사람 - 상상이, 범인 - 알알이

[풀이 과정]

1) 세 명 중 한 명만이 진실을 말하고 있으므로 진실을 말하는 사람이 누구인지에 따라 경우를 나누어 풀이합니다.

i. 무우가 혼자 진실을 말하고 있다고 가정하는 경우

무우 : 범인은 상상이야! → 이 말은 진실입니다. 범인은 상상이입니다.

상상 : 나는 범인이 아니야! → 이 말은 거짓말입니다. 범인은 상상이입니다.

알알 : 나도 범인이 아니야! → 이 말은 거짓말입니다. 범인은 알알이입니다.

이 경우 창문을 깬 범인이 상상이와 알알이 두 명이 되므로 알맞지 않습니다.

ii. 상상이가 혼자 진실을 말하고 있다고 가정하는 경우

상상 : 나는 범인이 아니야! → 이 말은 진실입니다. 범인은 상상이가 아닙니다.

무우 : 범인은 상상이야! → 이 말은 거짓말입니다. 범인은 상상이가 아닙니다.

알알 : 나도 범인이 아니야! → 이 말은 거짓말입니다. 범인은 알알이입니다.

이 경우 상상이만 진실을 말하고, 범인은 알알이입니다.

iii. 알알이가 혼자 진실을 말하고 있다고 가정하는 경우

알알 : 나도 범인이 아니야! → 이 말은 진실입니다. 범인은 알알이가 아닙니다.

무우 : 범인은 상상이야! → 이 말은 거짓말입니다. 범인은 상상이가 아닙니다.

상상 : 나는 범인이 아니야! → 이 말은 거짓말입니다. 범인은 상상이입니다.

이 경우 무우와 상상이의 말이 반대되므로 알맞지 않습니다.

2) 따라서 진실을 말하는 사람은 상상이이고, 유리창을 깬 범인은 알알이입니다.

연습문제 10 .... P. 94

[정답] 풀이 과정 참조

[풀이 과정]

1) 다음과 같이 표를 이용하면 간단하게 풀이할 수 있습니다. 정확한 정보를 알 수 있는 친구부터 먼저 표를 채워 나갑니다.

이름	빵 종류	우유 종류
상상	흰우유	
알알	초코우유	소보로빵
제이		단팥빵

상상이는 흰우유를 마셨습니다.
제이는 단팥빵을 먹었습니다.
초코우유를 마신 친구는 소보로빵을 먹었습니다.

상상이는 흰 우유를 마셨고, 제이는 단팥빵을 먹었으므로 초코우유와 소보로빵을 먹은 친구는 자연스럽게 알알이인 것을 알 수 있습니다.

2) 세 명의 친구들이 먹은 빵의 종류와 우유의 종류가 모두 다르므로 아래와 같이 표를 완성할 수 있습니다.

이름	빵 종류	우유 종류
상상	흰우유	크림빵
알알	초코우유	소보로빵
제이	딸기우유	단팥빵

3) 상상이는 흰우유와 크림빵을, 알알이는 초코우유와 소보로빵을, 제이는 딸기우유와 단팥빵을 먹었습니다.

연습문제 11 .... P. 95

[정답] 풀이 과정 참조

[풀이 과정]

1) 먼저 정확한 정보를 얻을 수 있는 내용부터 이용해 풀이합니다.

ⅰ. (1) 문구점과 편의점 사이에는 두 개의 건물이 있습니다.
(3) 문구점의 바로 오른쪽에는 빵집이 있습니다.
→ 이 두 가지 조건을 동시에 만족하는 경우는 다음과 같이 세 가지입니다.

ⓐ 문구점 | 빵집 | ? | 편의점 | ?

ⓑ ? | 문구점 | 빵집 | ? | 편의점

ⓒ 편의점 | ? | ? | 문구점 | 빵집

ⅱ. (2) 카페의 바로 왼쪽에는 서점이 있습니다.
→ 위 세 가지 경우 중 카페의 바로 왼쪽에 서점이 있을 수 있는 경우는 ⓒ 경우입니다.

ⓒ 편의점 | 서점 | 카페 | 문구점 | 빵집

2) 따라서 빈칸을 채워 정답을 완성하면 다음과 같습니다.

(왼쪽)

(오른쪽)

편의점 | 서점 | 카페 | 문구점 | 빵집

연습문제 12 .... P. 95

[정답] 무우 - 상상 - 알알 - 제이

[풀이 과정]

1) 먼저 정확한 정보를 얻을 수 있는 내용부터 이용해 풀이합니다.

ⅰ. (1) 무우가 제이에게 두 개의 사탕을 주면 두 사람이 가진 사탕의 개수는 같아집니다.
(2) 알알이가 가진 사탕의 개수는 제이보다 두 개 더 많습니다.
→ 무우가 제이에게 두 개의 사탕을 주면 두 사람이 가진 사탕의 개수가 같아지므로, 무우가 제이보다 네 개의 사탕을 더 가지고 있습니다.
따라서 무우, 알알, 제이 순으로 많은 사탕을 가지고 있습니다.

ⅱ. (3) 상상이는 두 번째로 많은 개수의 사탕을 가지고 있습니다.
→ 상상이가 두 번째이므로 나머지 셋을 위에서 구한 순서대로 나열하면 첫 번째는 무우, 세 번째는 알알이, 네 번째는 제이가 됩니다.

2) 따라서 사탕을 많이 가지고 있는 순서대로 나열하면 무우 - 상상 - 알알 - 제이 순입니다.

심화문제 01 ······························ P. 96

[정답] 풀이 과정 참조

[풀이 과정]

1) 한 가지 구슬을 기준으로 왼쪽과 오른쪽에 있는 구슬의 색깔을 찾습니다.

i . 의 왼쪽과 오른쪽

(1) 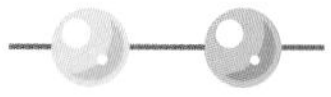 (4) 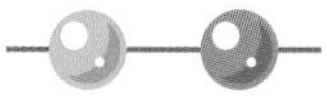

의 왼쪽에는 , 오른쪽에는 이 있습니다.

→ 

ii. 의 왼쪽과 오른쪽

(3)  (2) 

의 왼쪽에는 , 오른쪽에는 이 있습니다.

→ 

i 과 ii 를 조합하면 다섯 개의 구슬의 배열을 구할 수 있습니다.

→ 

2) 따라서 구슬의 색깔을 알맞게 색칠해 목걸이를 완성하면 다음과 같습니다.

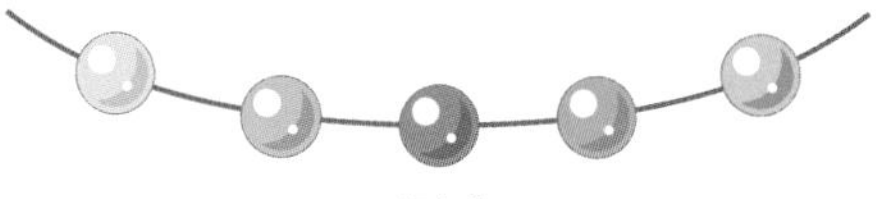

〈정답〉

심화문제 02 ······························ P. 97

[정답] 풀이 과정 참조

[풀이 과정]

1) 다음과 같이 표를 이용하면 간단하게 풀이할 수 있습니다. 정확한 정보를 알 수 있는 친구부터 먼저 표를 채워 나갑니다.

이름	모자 색깔	목도리 색깔
무우	파란색	
상상		초록색
알알	빨간색	노란색
제이	초록색	

무우는 파란색 모자를 가졌습니다.

제이는 초록색 모자를, 상상이는 초록색 목도리를 가졌습니다.

빨간색 모자를 가진 친구는 노란색 목도리를 가졌습니다.

무우는 파란색 모자를, 상상이는 초록색 목도리를, 제이는 초록색 모자를 가졌으므로 빨간색 모자와 노란색 목도리를 가진 친구는 알알이인 것을 알 수 있습니다.

2) 같은 색의 모자와 목도리를 가진 친구가 없으므로 오른쪽과 같이 표를 완성할 수 있습니다.

이름	모자 색깔	목도리 색깔
무우	파란색	빨간색
상상	노란색	초록색
알알	빨간색	노란색
제이	초록색	파란색

심화문제 03 P. 98

[정답] C

[풀이 과정]

1) 네 명 중 한 명만이 진실을 말하는 참말족이므로 참말족이 누구인지에 따라 경우를 나누어 풀이합니다.

i . A가 참말족이라고 가정하는 경우

A: D 는 거짓말족이 아니야! → 이 말은 진실입니다. D는 거짓말족이 아닙니다.

이 경우 A의 대화만 보더라도 A와 D 두 명이 참말족이 되므로 알맞지 않습니다.

ii . B가 참말족이라고 가정하는 경우

B: 나는 참말족이야! → 이 말은 진실입니다. B는 참말족입니다.

C: A는 거짓말을 하고 있어! → 이 말은 거짓입니다. A는 진실을 말하고 있습니다.

이 경우 A와 B 두 명이 참말족이 되므로 알맞지 않습니다.

iii . C가 참말족이라고 가정하는 경우

C: A는 거짓말을 하고 있어! → 이 말은 진실입니다. A는 거짓말을 하고 있습니다.

A: D는 거짓말족이 아니야! → 이 말은 거짓입니다. D는 거짓말족입니다.

B: 나는 참말족이야! → 이 말은 거짓입니다. B는 거짓말족입니다.

D : C는 거짓말족이야! → 이 말은 거짓입니다. C는 참말족입니다.

이 경우 참말족은 C입니다.

iv. D 가 참말족이라고 가정하는 경우

D : C는 거짓말족이야! → 이 말은 진실입니다. C는 거짓말족입니다.

C: A는 거짓말을 하고 있어! → 이 말은 거짓입니다. A는 진실을 말하고 있습니다.

이 경우 A와 D 두 명이 참말족이 되므로 알맞지 않습니다.

2) 따라서 이 중 참말족은 C입니다.

심화문제 04 P. 99

[정답] 풀이 과정 참조

[풀이 과정]

1) 먼저 정확한 정보를 얻을 수 있는 내용부터 이용해 풀이합니다.

i . (2) 제이의 오른쪽에는 주황색 의자가 있습니다.
→ 제이가 앉은 의자는 초록색입니다.

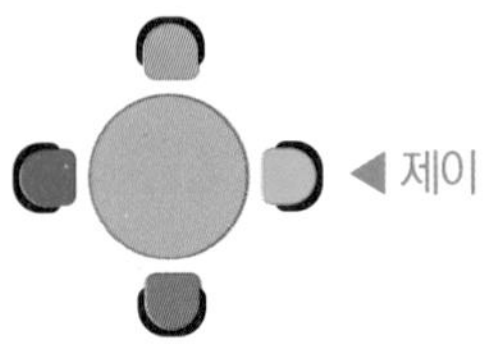

ii . (1) 무우의 건너편에는 상상이가 앉았습니다.
→ 다음과 같이 두 가지 경우가 가능합니다.

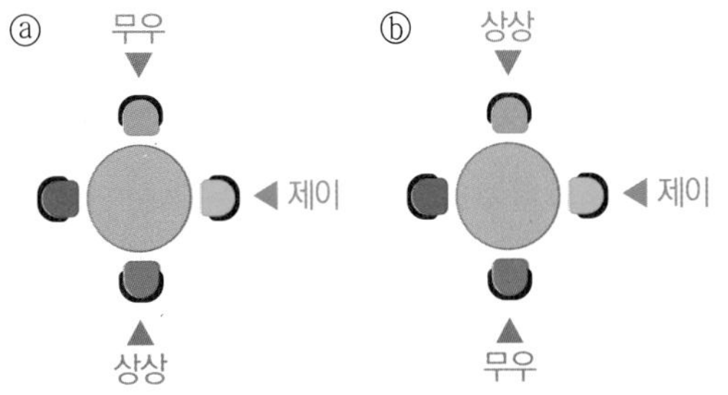

iii. (3) 알알이의 왼쪽에는 무우가 앉았습니다.
→ 위 두 가지 경우 중 알알이의 왼쪽에 무우가 있을 수 있는 경우는 ⓐ 경우입니다.

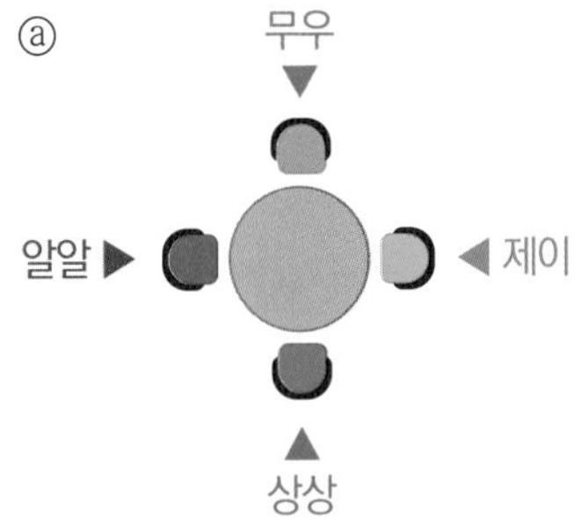

2) 무우는 주황색, 상상이는 파란색, 알알이는 빨간색, 제이는 초록색 의자에 앉았습니다.

창의적문제해결수학 01 P. 100

[정답] 풀이 과정 참조

[풀이 과정]

1) 먼저 정확한 정보를 얻을 수 있는 내용부터 이용해 풀이 합니다.

	월요일	화요일	수요일	목요일
오전	영어			
낮	수학			
저녁	피아노			

월요일 오전에는 영어 학원을 갑니다.
피아노 학원은 낮에 가지 않습니다.
→ 월요일 낮에는 수학 학원에 갑니다.

이 두 가지 내용을 통해 상상이의 월요일 학원 스케줄을 구할 수 있습니다.

2) 이틀 연속으로 같은 시간대에 같은 학원에 가지 않으므로 나머지 화, 수, 목요일의 빈칸을 채워 아래와 같이 스케줄표를 완성할 수 있습니다.

	월요일	화요일	수요일	목요일
오전	영어	피아노	영어	피아노
낮	수학	영어	수학	영어
저녁	피아노	수학	피아노	수학

창의적문제해결수학 02 P. 101

[정답] 풀이 과정 참조

[풀이 과정]

1) 무우가 한 질문은 "당신이 살고 있는 마을로 가는 길은 어느 쪽입니까? " 입니다.
만약, 질문을 받은 사람이 A 마을 사람이라면 A 마을로 가는 올바른 길을 안내해줄 것입니다. 또한 질문을 받은 사람이 B 마을 사람이더라도 반드시 거짓말을 하므로 자신이 살고 있는 B 마을이 아닌 A 마을로 가는 길을 안내해줄 것입니다.

2) 따라서 이와 같은 질문을 한다면 질문을 받은 사람이 어느 마을의 사람이더라도 A 마을로 가는 올바른 길을 알 수 있습니다.

6. 미로와 퍼즐

대표문제 확인하기 P. 107

[정답] 풀이 과정 참조

[풀이 과정]

1) 다음과 같이 모든 칸을 한 번씩 지나도록 네 개의 모양을 연결할 수 있습니다.

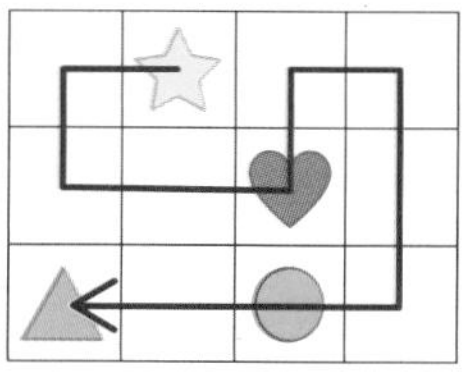

〈정답〉

대표문제 확인하기 P. 109

[정답] 풀이 과정 참조

[풀이 과정]

1) 다음과 같이 1, 2, 3, 4가 하나씩 들어가도록 네 조각으로 나눌 수 있습니다.

1	2	4	3
3	4	1	2
2	1	1	4
3	3	4	2

〈정답〉

연습문제 01 P. 110

[정답] 풀이 과정 참조

[풀이 과정]

1) 다음과 같은 순서로 노노그램 퍼즐을 완성할 수 있습니다.

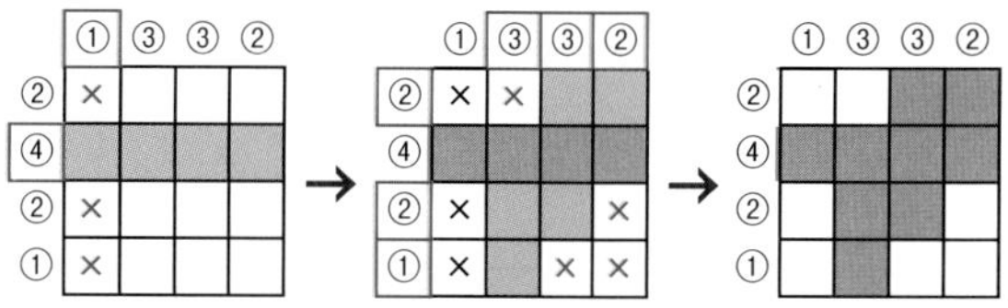

(1) 확실하게 색칠할 수 있는 칸은 색칠하고, 색칠할 수 없는 칸에는 × 표시합니다.

(2) ○ 안에 적힌 수를 보고 나머지 칸을 알맞게 색칠합니다.

(3) 위와 같이 노노그램 퍼즐을 완성할 수 있습니다.

6 정답 및 풀이

연습문제 **02** .... P. 110

[정답] 풀이 과정 참조

[풀이 과정]

1) 다음과 같이 여러 가지 방법으로 다섯 개의 숫자를 연결할 수 있습니다.

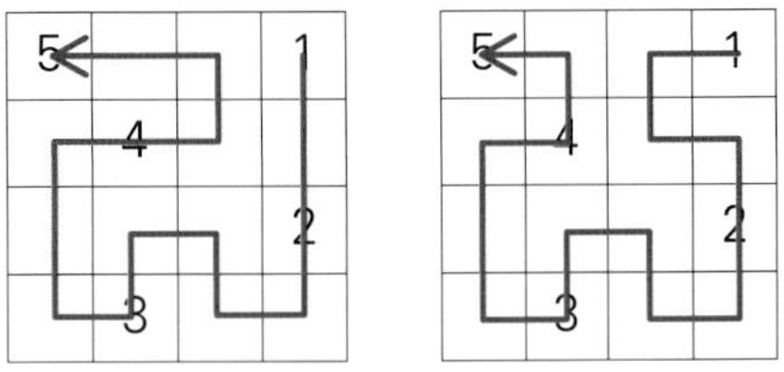

연습문제 **03** .... P. 111

[정답] ③

[풀이 과정]

1) 반대로 도착점에서부터 출발하면 출발점이 어딘지 알 수 있습니다.

표시된 위치에 도착하려면 ③번 출발점에서 출발해야 합니다.

연습문제 **04** .... P. 111

[정답] 풀이 과정 참조

[풀이 과정]

1) 다음과 같이 순서에 따라 스도쿠 퍼즐을 완성할 수 있습니다.

	3	1
		2

→

2	3	1
		2
		3

→

2	3	1
3	1	2
1	2	3

(1) 각 줄에 같은 숫자가 두 번씩 들어갈 수 없으므로 빨간색 빈칸을 1로 채웁니다.

(2) 각 줄에 1, 2, 3이 하나씩 있으므로 빨간색 빈칸을 각각 2와 3으로 채웁니다.

(3) 다음과 같이 스도쿠 퍼즐을 완성할 수 있습니다.

연습문제 **05** .... P. 112

[정답] 풀이 과정 참조

[풀이 과정]

1) 다음과 같이 두 가지 방법을 이용해 퍼즐을 여러 조각으로 나눌 수 있습니다.

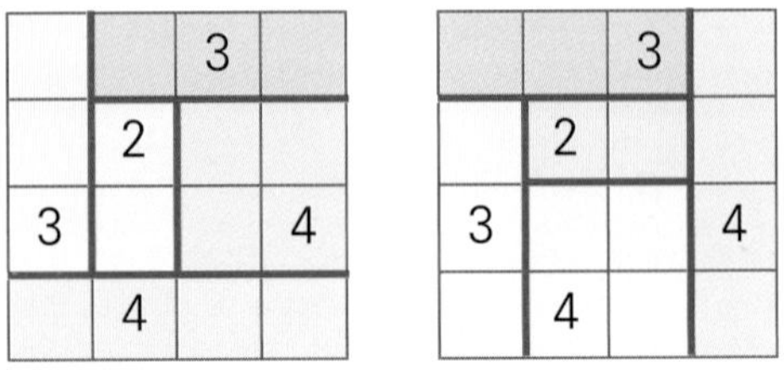

연습문제 **06** .... P. 112

[정답] 풀이 과정 참조

[풀이 과정]

1) 다음과 같이 여러 가지 방법을 이용해 같은 모양들끼리 연결할 수 있습니다.

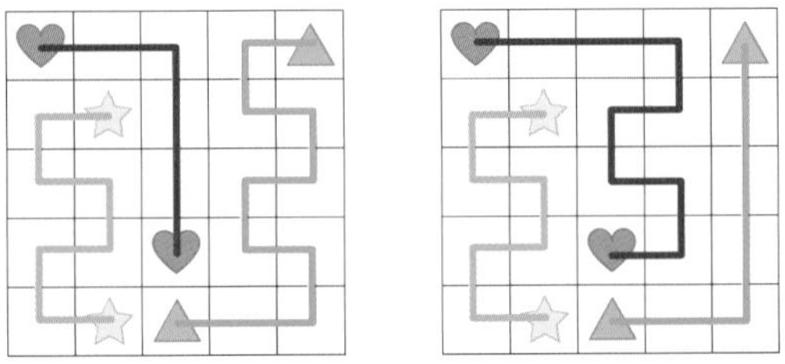

연습문제 **07** .... P. 113

[정답] 풀이 과정 참조

[풀이 과정]

1) 다음과 같이 여러 가지 방법을 이용해 같은 모양들끼리 연결할 수 있습니다.

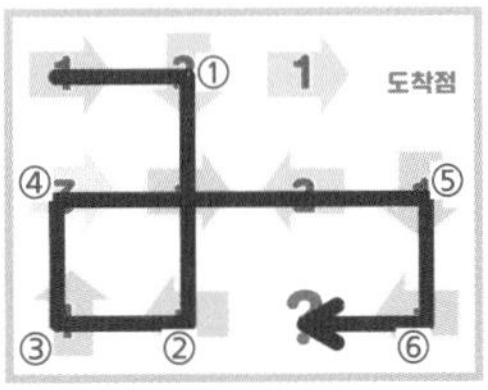

2) 그 다음 물음표가 적힌 칸에 들어갈 화살표 모양과 숫자를 생각해봅니다. 도착점까지 갈 수 있는 칸은 빨간색으로 표시된 한 개의 칸뿐입니다. 따라서 물음표가 적힌 칸에서 빨간색으로 표시된 칸에 갈 수 있는 화살표를 그려주면 다음과 같습니다.

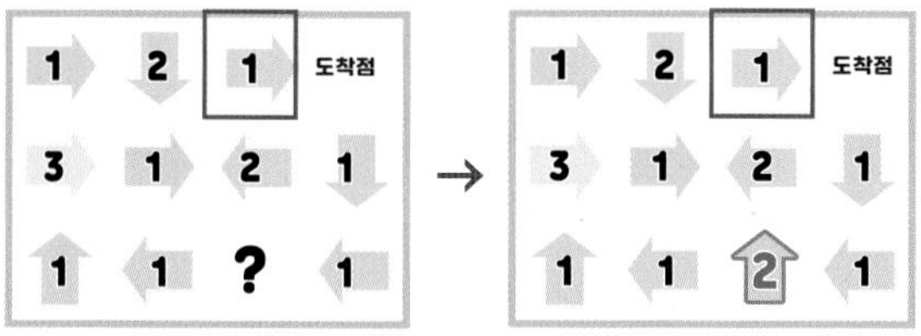

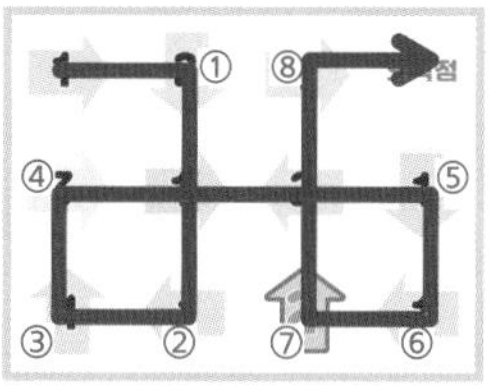

〈정답〉

연습문제 08 .... P. 113

[정답] 풀이 과정 참조

[풀이 과정]

1) 먼저 확실하게 알 수 있는 칸들을 순서에 따라 색칠하거나 × 표시합니다.

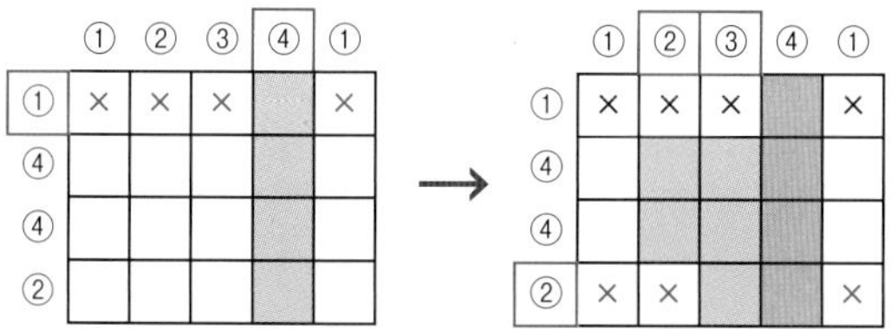

(1) 확실하게 색칠할 수 있는 칸은 색칠하고, 색칠할 수 없는 칸에는 × 표시합니다.

(2) ○ 안에 적힌 수를 보고 나머지 칸을 알맞게 색칠합니다.

2) 그 다음 나머지 칸은 다음과 같이 두 가지 방법으로 채울 수 있습니다.

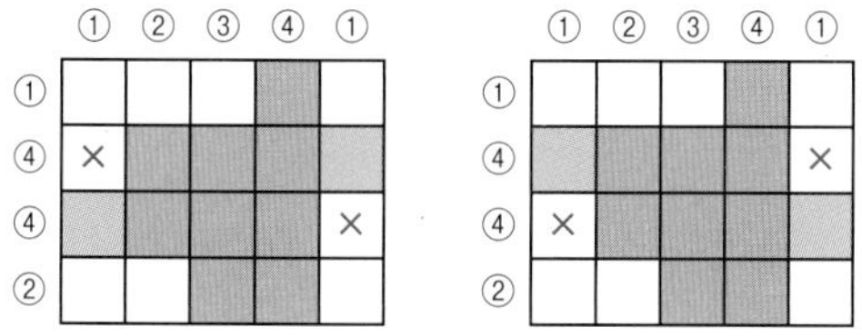

연습문제 09 .... P. 114

[정답] 풀이 과정 참조

[풀이 과정]

1) 다음과 같이 퍼즐을 똑같은 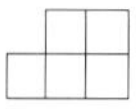 모양 4개로 나눌 수 있습니다.

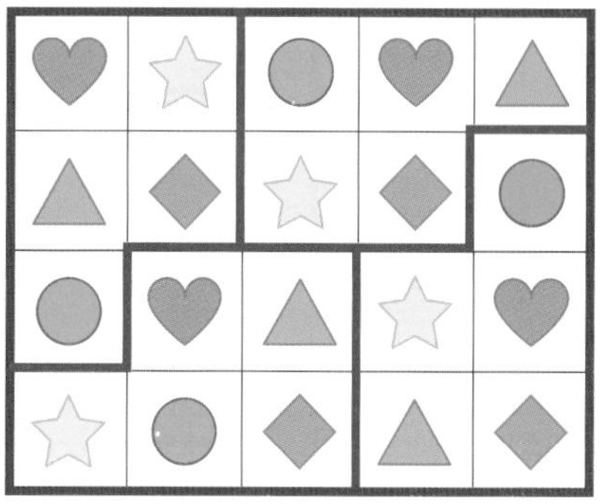

〈정답〉

연습문제 10 .... P. 114

[정답] 풀이 과정 참조

[풀이 과정]

1) 다음과 같이 순서에 따라 스도쿠 퍼즐을 완성할 수 있습니다.

2		1	
		3	
		4	1
	4	2	

→

2		1	
		3	
		4	1
1	4	2	3

→

2	3	1	4
4	1	3	2
3	2	4	1
1	4	2	3

(1) 세 번째 세로 줄에 1, 2, 3이 이미 있으므로 빨간색 빈칸에 들어갈 숫자는 4입니다.

(2) 각 줄과 굵은 선으로 나뉜 사각형 안에 1, 2, 3, 4가 하나씩 있으므로 빨간색 빈칸을 각각 1과 3으로 채웁니다.

(3) 각 줄에 2가 하나씩만 있도록 놓고 규칙에 맞게 나머지 빈칸을 채워 스도쿠 퍼즐을 완성할 수 있습니다.

연습문제 **11** P. 115

[정답] 풀이 과정 참조

[풀이 과정]

1) 다음과 같이 여러 가지 방법으로 여섯 개의 알파벳을 연결할 수 있습니다.

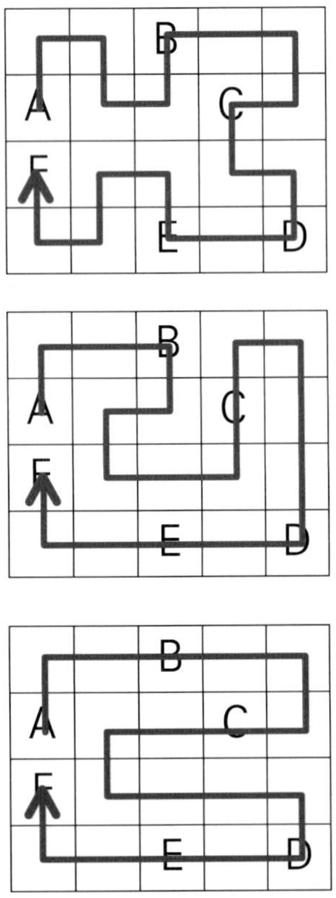

연습문제 **12** P. 115

[정답] 풀이 과정 참조

[풀이 과정]

1) 숫자 1부터 9까지 끊기지 않고 한 번에 이을 수 있는 방법은 다음과 같이 네 가지입니다.

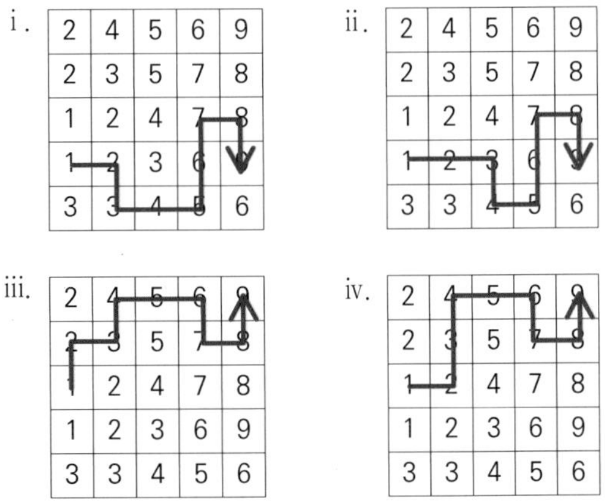

심화문제 **01** P. 116

[정답] 풀이 과정 참조

[풀이 과정]

1) 5칸으로 만들 수 있는 사각형은 다음과 같이 두 가지가 있습니다.

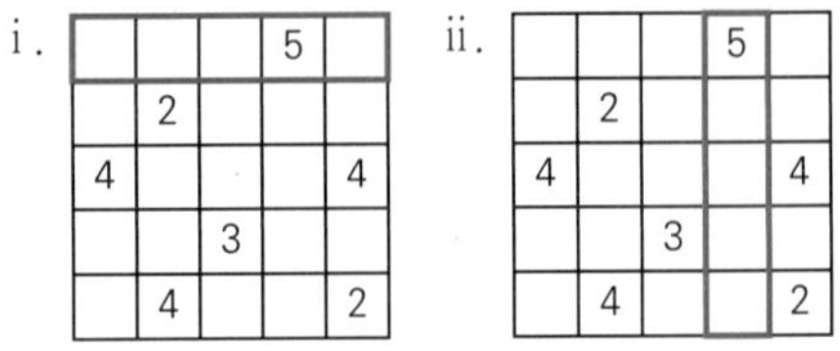

그런데 두 번째의 경우 오른쪽에 4칸짜리 사각형과 2칸짜리 사각형을 동시에 만들 수 없으므로 올바르지 않습니다.

2) 다음과 같이 첫 번째 경우를 이용해 규칙에 따라 퍼즐을 여러 개의 사각형으로 나누면 폭탄이 숨겨져 있는 칸을 찾을 수 있습니다.

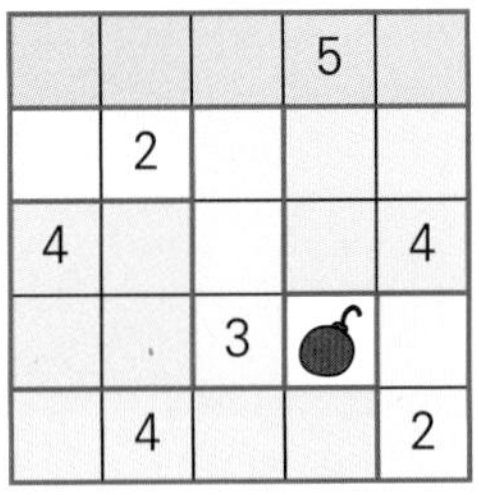

〈정답〉

심화문제 **02** P. 116

[정답] 풀이 과정 참조

[풀이 과정]

1) 먼저 확실하게 알 수 있는 칸들은 색칠하거나 × 표시합니다. 그 다음 노노그램 규칙에 따라 퍼즐을 완성할 수 있습니다.

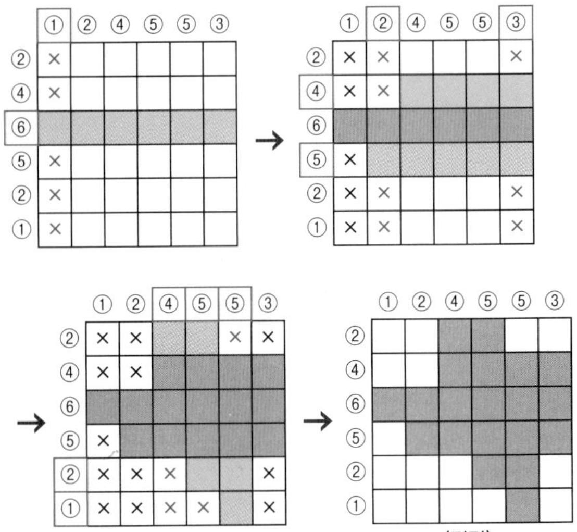

〈정답〉

심화문제 03 ······ P. 117

[정답] 소나기

[풀이 과정]

1) 먼저 'ㅅ, ㄴ, ㄱ, ㅏ, ㅗ, ㅣ'를 이용해 만들 수 있는 단어를 생각해봅니다.
'소나기'라는 단어를 만들 수 있습니다.

2) 그 다음 ㅅ → ㅗ → ㄴ → ㅏ → ㄱ → ㅣ 순서대로 모든 칸을 지나도록 연결해 줍니다. 다음과 같이 여러 가지 방법으로 연결할 수 있습니다.

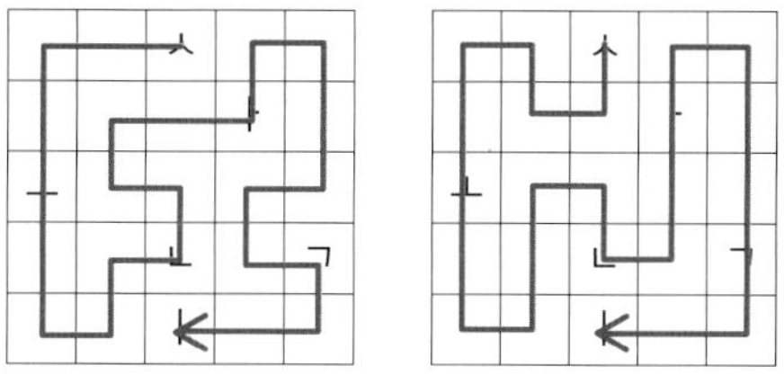

심화문제 04 ······ P. 117

[정답] 풀이 과정 참조

[풀이 과정]

1) 먼저 ①번 출발점에서 출발했을 때부터 올바른 도착점에 도착하려면 어떻게 이동해야 하는지 생각해봅니다.

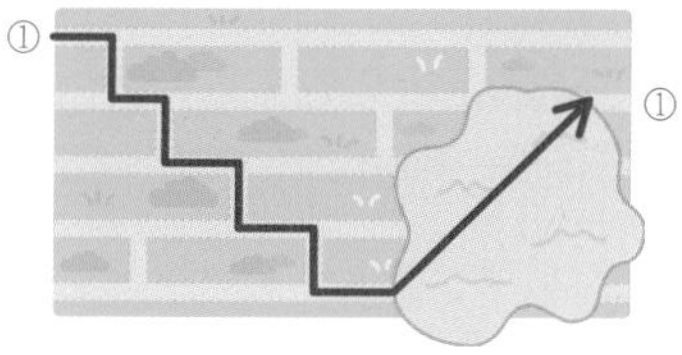

위로 세 칸을 더 이동하면 올바른 도착점에 도착할 수 있습니다. 위로 세 칸을 이동할 수 있는 길은 다음과 같으며, 이처럼 길을 완성했을 경우 나머지 출발점에서도 올바른 도착점에 도착하게 되는지 확인합니다.

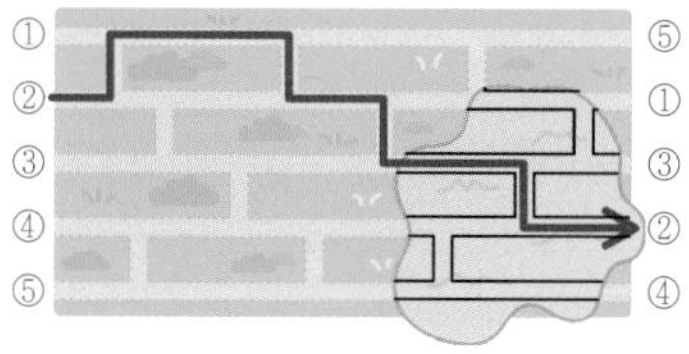

→ 이와 같은 방식으로 나머지 ③, ④, ⑤ 출발점도 확인합니다.

2) 따라서 보이지 않는 길을 완성하면 다음과 같습니다.

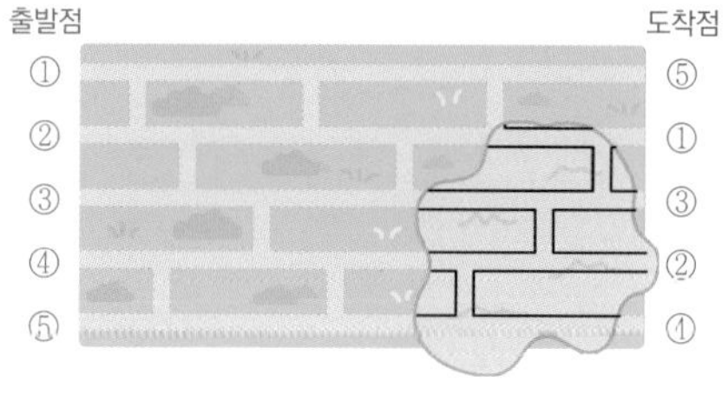

창의적문제해결수학 01 ······ P. 118

[정답] 풀이 과정 참조

[풀이 과정]

1) 토끼가 무사히 당근 마을로 갈 수 있는 길은 다음과 같습니다.

〈정답〉

창의적문제해결수학 02 ······ P. 119

[정답] 풀이 과정 참조

[풀이 과정]

1) 다음과 같이 여러 가지 방법으로 꽃게 퍼즐을 완성할 수 있습니다.

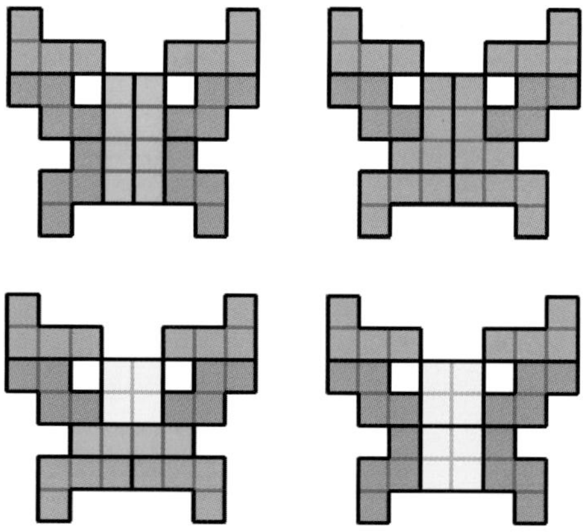

어떤 경우에도 사용되지 않는 퍼즐조각은 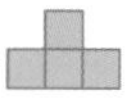 입니다.

MEMO

영재들의 수학여행 Math Travel

창의영재수학

아이앤아이

무한상상

무한상상 카페 **cafe.naver.com/creativeini**